JN293885

プロブレム Q&A

ここが危ない！アスベスト

新装版

[発見・対策・除去のイロハ教えます]

■

アスベスト根絶ネットワーク・著

緑風出版

身近にあるアスベスト

●白石綿

●アスベストの原石

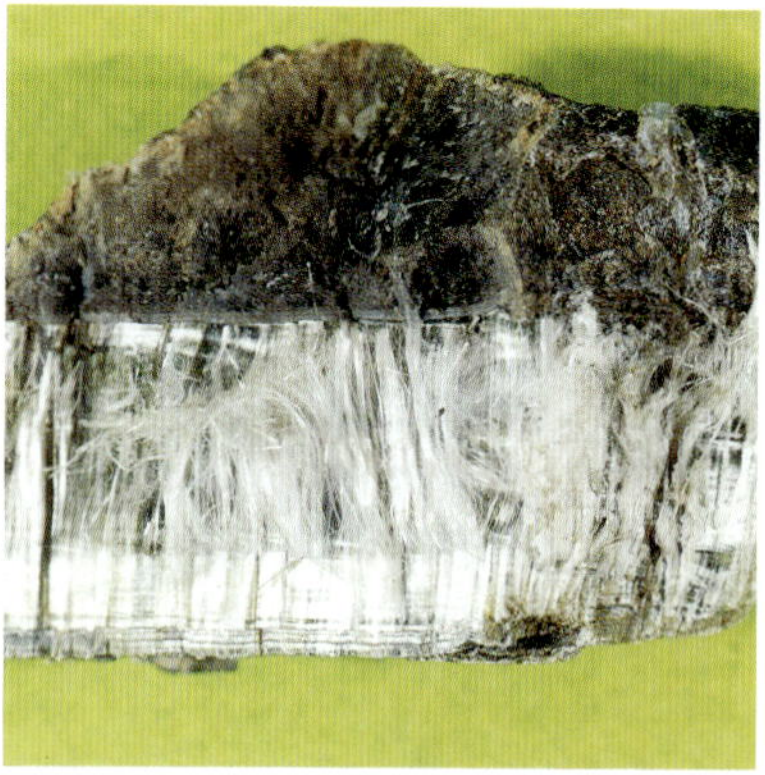

●茶石綿

●青石綿

●ガラス繊維断熱材

●岩綿吹きつけ

アスベストによって蝕まれた肺

●アスベスト肺

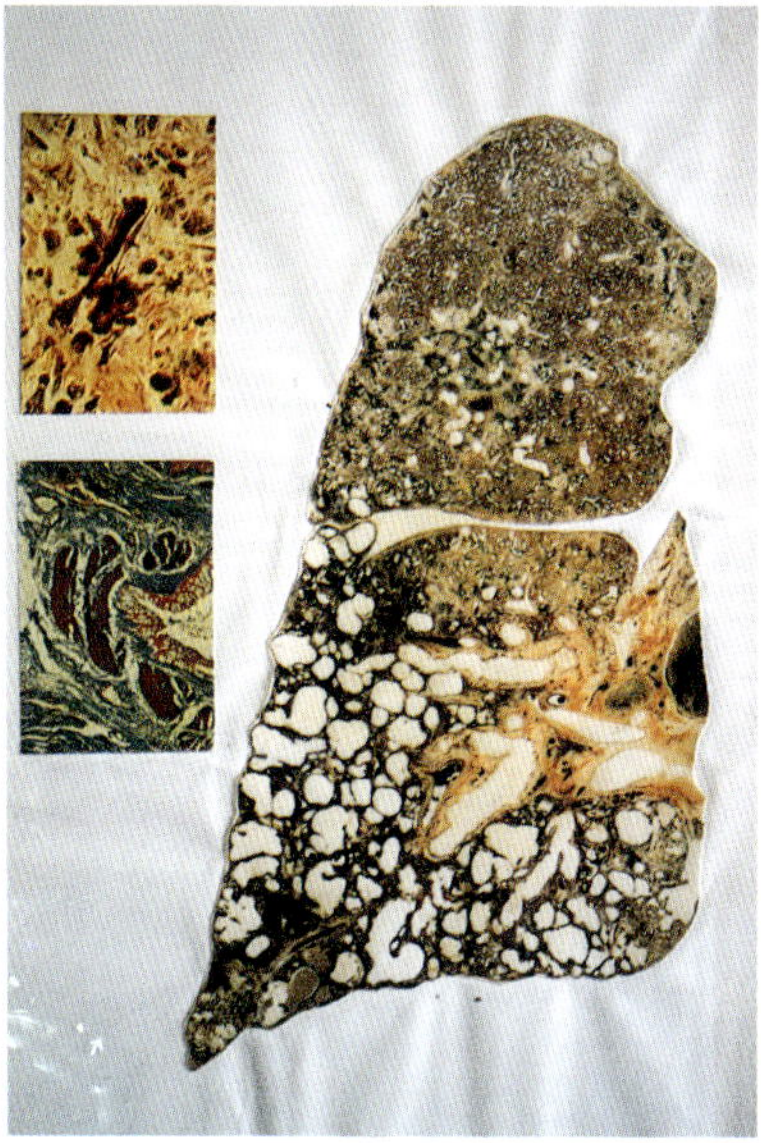

●正常な肺

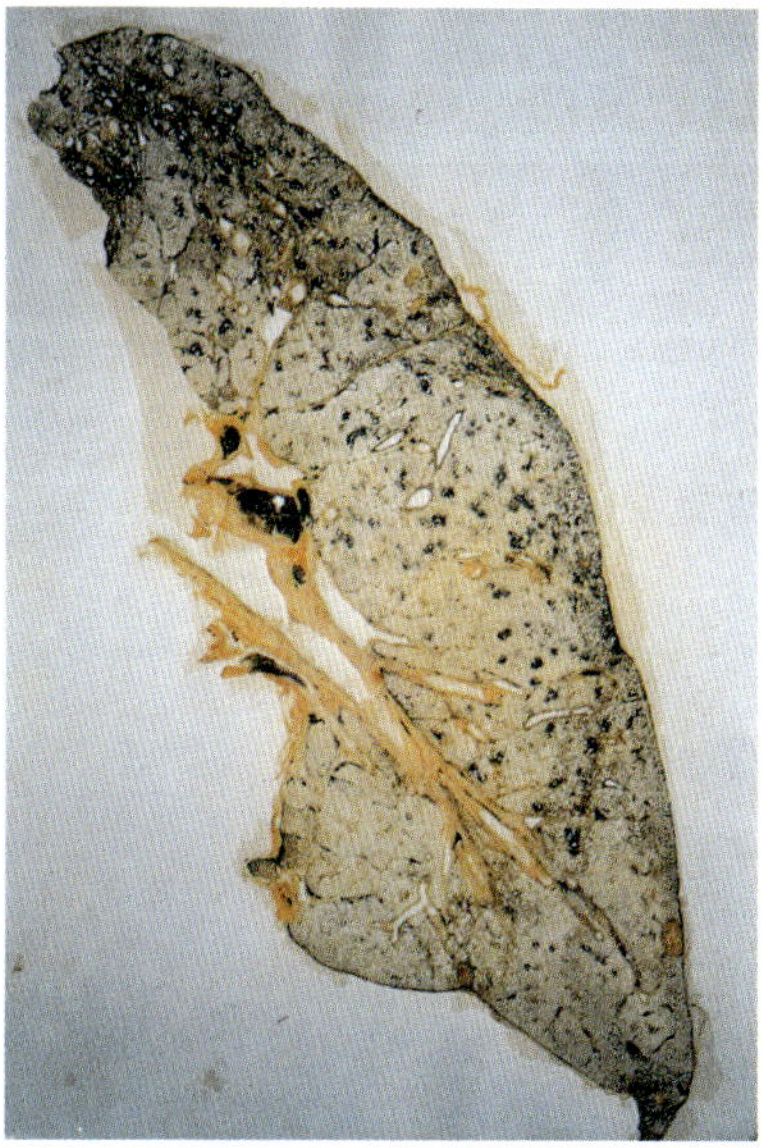

●肺がん

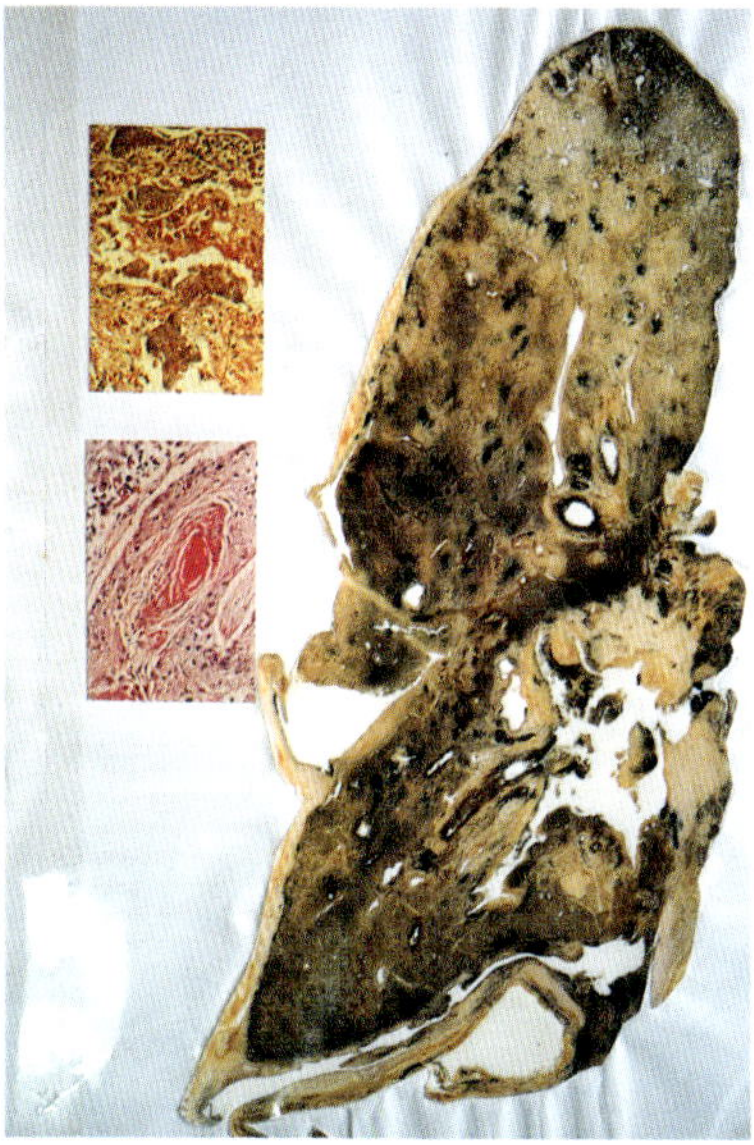

JPCA 日本出版著作権協会
http://www.e-jpca.com/

*本書は日本出版著作権協会（JPCA）が委託管理する著作物です。

本書の無断複写などは著作権法上での例外を除き禁じられています。複写（コピー）・複製、その他著作物の利用については事前に日本出版著作権協会（電話03-3812-9424, e-mail:info@e-jpca.com）の許諾を得てください。

プロブレムQ&A

目次

プロブレムQ&A

Q1 アスベストって、何ですか。
阪神・淡路大震災のあと、ビル解体でアスベストが飛散していると報道されていました。前にも耳にしたことがありますが、アスベストって何ですか。 12

Q2 何が問題なのでしょうか。
最近、アスベストのことをよく耳にしますが、なぜ問題になっているのですか。健康に良くないものの中で、アスベストが特に問題になるのはどうしてですか。 16

Q3 どんなところに使われているのですか。
アスベストは私たちの身近なところで使われているそうですが、どういうものに使われたのですか。最近、使い方が変わっているのでしょうか。 20

Q4 いつ頃から使われているのですか。
一九六〇年代に「もう火事の心配はいらない」と言いながらブリキの煙突と交換した白い筒がアスベスト管なのですね？　あの頃から使われ始めたのですか。 24

Q5 毒性がわかったのは、最近ですか？
アスベストの毒性を知って驚いたのは、小中学校の天井などの吹き付けが社会問題化した一九八七年でした。この頃、初めてわかったのですか？ 27

Q6 日本では、すでに使用禁止になっていますか？
アスベストは発がん物質だから、当然、日本ではもう使用禁止になっていると思います。今でも問題になっているのは、どうしてでしょうか。 32

Q7 アスベストは、どこでとれるのですか。
アスベストは鉱物だそうですが、日本のアスベスト鉱山というのは、聞いたことがありません。外国から輸入しているのでしょうか。主な産地はどこですか。 35

Q8 アスベストはどうやって調べるのですか。
吹き付け材や建材などにアスベストが使われているかどうか、どうやって検査するのでしょうか。空気中のアスベスト濃度測定法も教えてください。 38

Q9 肺がんがふえているのは、アスベストが原因なのですか？
日本人男性のがん死亡原因のトップは肺がんといわれています。発がん性があるといわれるアスベストと関係があるのでしょうか。 41

Q10 悪性中皮腫って、どういう病気ですか？
アスベストによる健康障害のなかで悪性中皮腫という言葉を聞きますが、これはがんなのですか。がんだとすれば肺がんとどうちがうのでしょうか。 43

Q11 アスベスト肺だと、どういう症状になるのですか？
アスベスト肺とじん肺とは同じものでしょうか。ちがうとすればどのような症状がみられるのですか。アスベストを扱わない人でも、なるのですか。 46

Q12 アスベストを吸い込むと、必ずがんになるのですか。
アスベストは発がん物質で、安全な濃度はないと聞いています。アスベストを吸い込むと必ずがんになるのですか。何本吸い込むとがんになるのでしょうか。 48

Q13 アスベストによる病気で何人くらい死んでいるのですか。
アスベストは有害だそうですが、被害者は何人くらいいるのでしょうか。日本でのアスベスト被害の具体的な例も教えてください。 50

Q14 木造住宅にもアスベストが使われているのでしょうか。
アスベストと聞くと学校の吹き付けアスベストを思い浮かべます。私の家は木造ですが、アスベストが使われている可能性はありますか。 55

Q15 マンション、事務所ビルや工場にも使われていますか？
阪神・淡路大震災でこわれたビルやマンションの解体工事でアスベストが飛散したと聞きました。アパートや工場にもアスベストが使われているのでしょうか。 58

Q16 学校など公共施設にアスベストはあるのですか？
だいぶ前に学校の吹き付けアスベストが問題になりましたが、もう全部撤去されたのでしょうか。子どもが小学生なので心配です。 62

プロブレムQ&A

Q17 駅にアスベストがたくさん使われているというのは本当ですか？
アスベストにくわしい人から、プラットホームの屋根に石綿スレートが使われていると聞きました。アスベストが飛散することはないのでしょうか。 64

Q18 ビル解体現場や新築現場ではアスベストが飛散しているのですか？
阪神・淡路大震災の被災地ではビル解体に伴ってアスベストが飛散していると報道されています。被災地以外でも同じなのでしょうか。新築現場はどうですか。 66

Q19 ドライヤーやベビーパウダーにも使われていたそうですね。
何年か前、新聞で「ベビーパウダーにもアスベスト」という記事を見ました。ベビーパウダーは飛散しやすいので心配です。今は使われていないのでしょうか。 67

Q20 水道水やお酒にもアスベストが入っているそうですが。
水道水やお酒にもアスベストが入っていると報道されたように記憶しています。何か対策がされているのでしょうか。アスベストを飲んでも大丈夫でしょうか。 72

Q21 外を歩いているだけでアスベストを吸い込むのですか。
自動車のブレーキにアスベストが使われているそうですが、道を歩いている時にもアスベストを吸い込んでいるのでしょうか。 75

Q22 ごみ処分場からもアスベストが飛んでくるのでしょうか？
撤去されたアスベストは、ごみ処分場に持ち込まれると聞きましたが、安全管理に問題はないのでしょうか。そこが新たな汚染源になることはありませんか。 77

Q23 アスベスト工場からアスベストが飛散することはないのですか？
アスベスト製品製造工場の近くに住んでいるので、アスベストが飛んできているのではないかと心配です。ちゃんと検査しているのでしょうか。 81

Q24 アスベスト鉱山跡地や蛇紋岩採石場からも飛散するのですか。
日本にもアスベスト鉱山があったそうですね。長野オリンピックが行なわれる八方尾根は蛇紋岩地帯です。アスベストが飛散するおそれはないのでしょうか。 83

Q25 ビルにアスベストが吹き付けられているか調べるには？

マンションに住み、ビル内の会社で働いています。アスベストが吹き付けられているのではないかと心配です。調べるにはどうしたらいいでしょうか。

88

Q26 アスベストが吹き付けられているのですが、どうしたらいいですか？

私が勤めている会社のビルにアスベストが吹き付けられていました。やはり撤去した方がいいでしょうか。工事方法についても教えてください。

90

Q27 アスベスト除去工事の融資制度はありますか？

会社のビルにアスベストが吹き付けられています。除去にかなり費用がかかるそうで困っています。低利融資を受ける方法があったら教えてください。

94

Q28 建材にアスベストが使われているかどうか、どうしたら分かりますか。

ビルを解体する予定なのですが、アスベスト建材も調査が必要と言われました。建材にアスベストが使われているかどうか調べるにはどうしたらいいですか。

98

Q29 ビルを解体するとき、アスベスト対策はどうすればいいですか。

もうじき隣のビル解体工事が始まります。アスベストが飛んでこないか心配です。対策をどうするのか業者に聞きたいのですが、ポイントを教えてください。

100

Q30 阪神・淡路大震災でアスベストが問題になったのは、どうしてですか。

九五年一月の地震の後、神戸などでアスベスト濃度が高くなっていることが報道されていました。あれは地震でアスベストが飛散したのですか。

104

Q31 地震に備えて、どういうアスベスト対策が必要ですか。

阪神・淡路大震災後の解体工事でアスベストが飛散しました。ビルの多い東京では、もっとひどいことになりそうです。地震に備えて、どうしたらいいですか。

107

Q32 ビル改修工事でも、アスベスト対策が必要ですか。

ビルの改修工事を予定していますが、床にビータイル、トイレの天井に石綿スレートが使われています。アスベスト飛散防止対策が必要でしょうか。

111

プロブレムQ&A

Q33 古くなったスレート瓦や波形スレートは、どうしたらいいですか。

自宅の屋根にコロニアル、物置の屋根に波形スレートが使われています。もう、二〇年くらい経っていますが、取り替える方がいいでしょうか。

113

Q34 アスベストの被害が多いのは、どういう職業の人ですか?

アスベスト鉱山労働者、アスベスト製品製造労働者が病気になるのはわかりますが、そのほかの職業でもアスベストで病気になることがありますか?

115

Q35 仕事でアスベストを吸い込まないようにする方法は?

仕事でアスベストを吸っています。ガーゼマスクや防じんマスクをかければ、アスベストを吸わずにすむのでしょうか? 何か特別の対策はありますか?

118

Q36 アスベストによる病気が心配です。検査方法は?

職場でアスベストを扱っています。肺がん、悪性中皮腫、アスベスト肺などの病気になるおそれがあるそうですが、どういう検査を受ければいいのですか。

122

Q37 アスベストによる病気の労災補償を受けるには?

大工をしていた父親が肺がんで亡くなりました。アスベストが原因ではないかと思うのですが、労災補償を受けるにはどうしたらいいのですか。

125

Q38 ヨーロッパでは使用禁止になっているそうですが。

ドイツの友人から、アスベストはヨーロッパ各国で使用禁止になっていると聞きました。何カ国が禁止しているのですか。アメリカは禁止していないのですか。

129

Q39 代替品はありますか。

アスベストは発がん物質なので、使用禁止に賛成です。でも、代替品はあるのでしょうか。代替品の安全性は確認されているのでしょうか。

131

Q40 国や自治体も、まだアスベスト建材を使っていますか。

アスベストの使用を禁止するために、まずアスベスト建材を使わないようにするべきだと思います。国や地方自治体の方針はどうなっているのでしょうか。

136

本文中イラスト●田中清代《きよ》

Q1 アスベストって、何ですか。

阪神・淡路大震災のあと、ビル解体でアスベストが飛散していると報道されていました。前にも耳にしたことがありますが、アスベストって何ですか。

アスベストは石綿（いしわた、あるいはせきめん）とも呼ばれます。石綿という名前のとおり、綿のように柔らかな繊維ですが、鉱物の一種で、火にくべても燃えません。アスベストという言葉は、「消すことができない」あるいは「永遠不滅の」という意味のギリシャ語に由来しています。

アスベストの一番わかりやすいイメージは、アスベスト金網です。中学校や高校の理科の実験で、ビーカーに入れた水をアルコールランプで沸かすとき、四角い金網を使いました。あの金網の真ん中の白い部分にアスベストが使われていました。

一九八七年、市民が身近なアスベスト問題に気づかされる事件が起こりました。そうです。全国各地の学校の天井や壁に、発がん物質アスベストが吹き付けられていることが報道され、大騒ぎになった、あの事件です。あれ以来、アスベスト金網も姿を消しました。一九九五年には、阪神・淡路大震災で壊れたビルを解体するとき、大量のアスベストが飛散《ひさん》して大問題になりました。

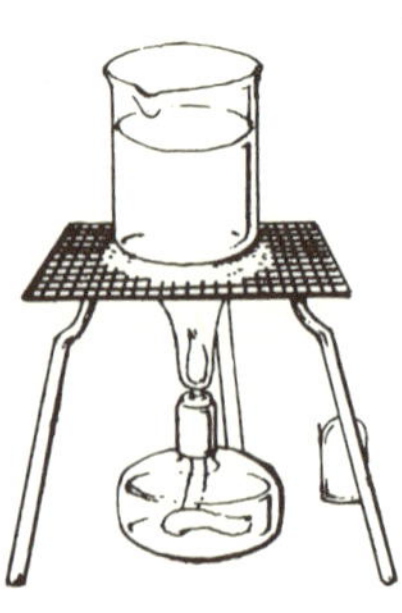

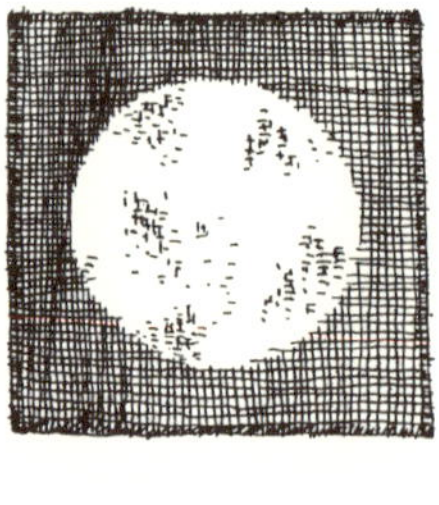

アスベスト金網

朝日新聞 1987年(昭和62年)8月22日 土曜日 14版 第2社会 (26)

学校の石綿対策

悩む自治体

工事のやり方分からない 専門業者ほとんどなし 予算の増加に四苦八苦

工事のやり方も分からない、専門業者もいない、予算も足りない……。全国約七百校の公立学校で天井や壁に吹きつけられていることが朝日新聞社のまとめで分かった、発がん物質の石綿（アスベスト）。その撤去を突きつけられた各自治体は、三重苦にも似た悩みに頭を抱えている。いわば「ないないづくし」に悩むその姿は、「米国から十年遅れ」といわれる日本の石綿対策の実情を象徴しているようだ。

重装備ですすめられる石綿の撤去作業
＝東京都内の中学校で

学校での石綿吹きつけの問題は米国で八〇年ごろから問題化し、昨年十月には、全米の学校を対象に、調査し危険部分を処置する法律ができた。こうした背景から日本でも今年五月、文部省が吹きつけ石綿の実態調査に乗り出した。ほとんどの自治体にとって、教室の石綿汚染問題は「寝耳に水」の形で、現場では混乱も起きている。

吹きつけ石綿が見つかれば、繊維の浮遊を防ぐ必要がある。ところが工事を決めた自治体の方針は、石綿を削り落とす「撤去」、表面に薬液を噴って固める「封じ込め処理」、「板で覆う」などバラバラ。工事マニュアルがないためで、調査でも「文部省、県教委の指示を待って決める」との声が多かった。しかし、今のところ、どの行政機関も適切な指示を出せるほどの力はなく、知識を持たないまま石綿工事に突入しつつある自治体の支えになっていない。厚生省は「建物内の浮遊粉塵（じん）に関する研究班」（仮称）をつくり、石綿の防止策を含めて検討することにしたが、研究班が実際に動き出すのは来月以降のことだ。

夏休みに一部の撤去工事を実施中の東京都練馬区ではPTAとの話し合いの中で、これまでにない厳しい工事方法を採用することになった。その手法は、教室や廊下にビニールシートを張り、中の圧力を外部より低くした状態で撤去する、使い捨ての紙製の作業着を使うという方法。米国の方法をおおむねまねたものだが、こうした作業ができる専門業者は「東京近辺で三社ほど。あとは沖縄県に……」（ある業者）と少ない。石綿工事がどっと増えた八月には専門業者や使用する薬液が不足し、石綿天井にベニヤ板を張る応急措置でしのいだ自治体もある。経験の少ない業者がにわか勉強で担当する工事も多く、関係者や周辺住民から「ずさん工事で周辺に石綿が飛散している」の声も出ている。

自治体はまた、予算の増加にもアップアップしている。八月中に二十二校の石綿を撤去している名古屋市は当初、石綿天井にボードを張りつける工事を予定し一億三千万円の費用を考えていたが、七月初め「中途半端だ」との指摘で撤去に変更した。「金額は三、四割増えるだろうが、やるしかない」（同市教委）

二千万円以上の工事は文部省から三分の一の補助を受ける対象になるが、五月の申し込み時期はもう過ぎている。九月議会での補正予算を組む自治体が増えそうだ。

その一方で、予算の制約から、改修工事予定のない学校側の不満も膨らんでいる。これに対しては一部のPTAなどから「とにかく応急の対策だけでも」との声が出ている。

これに対し建設業界は、業界団体の建設業労働災害防止協会が、六月から石綿工事方法の講習会を数回開くなど動きが活発だ。参加者の多くが石綿工事を受注したり、新規参入を狙ったりする業者で、八月の二回の講習会は、定員を増やしても「キャンセル待ち」が多数出た。

アスベスト対策の遅れを指摘する新聞報道
（『朝日新聞』1987年８月22日）

アスベストは天然の鉱物繊維《こうぶつせんい》です。火山から噴き出た溶岩が、特殊な条件のもとで熱水などと作用すると、アスベストの結晶が繊維状に成長していくのです。寒い冬の夜、土の中の水分が凍って、霜柱《しもばしら》がどんどん伸びていくのと似ています。こうしてできたアスベストを、石炭と同じように掘り出して使ってきたのです。だから、アスベストは非常に安いのです。

アスベストは非常に細い繊維です。一本の繊維の太さは、髪の毛の五〇〇〇分の一くらいです。熱や薬品に強く、磨耗《まもう》に耐えます。とくに白石綿は、「ピアノ線より強い」と言われるほど切れにくく、紡いで織ることもでき、しかも安い……。こんな便利な繊維はほかにありません。一時は「奇跡の鉱物」とか「天然の贈り物」と呼ばれ、さまざまな用途に使われてきました。あなたの身の回りにも、あちこちにアスベスト製品があるはずです。

ところが、この便利なアスベストの繊維を肺に吸い込むと、二〇年から五〇年後にがんになるおそれがあるのです。「奇跡の鉱物」は、同時に「静かな時限爆弾《じげんばくだん》」だったのです。

アスベストは単一の鉱物ではなく、六種類のアスベストが知られています。一番たくさん使われてきたのが白石綿《しろいしわた》（クリソタイル）です。白石綿は温石綿《おんせきめん》とも呼ばれます。その名のとおり白いアスベストで、非常に柔らかく、顕微鏡で見るとカールしています。蛇紋岩《じゃもんがん》の中にできるので、蛇紋石系アスベストと呼ばれています。

アスベストの種類

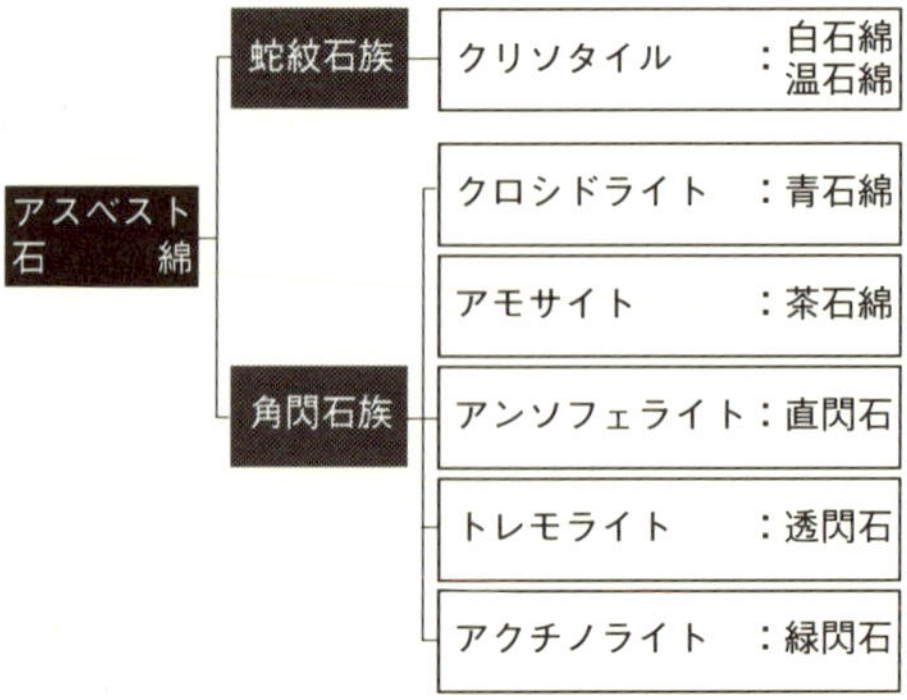

角閃石《かくせんせき》系アスベストは、角閃石の中にできます。五種類ありますが、工業的に使われてきたのは、青石綿《あおいしわた》（クロシドライト）と茶石綿《ちゃいしわた》（アモサイト）です。それぞれ、青色、あるいは茶色のアスベストです。角閃石系のものは顕微鏡で見ると、直線状の繊維です。蛇紋石系よりも角閃石系のほうが発がん性が強いと言われています。

すでにヨーロッパ八カ国では使用が禁止され、米国、イギリス、フランス、オーストラリアなどでは使用量が激減しています。日本では一九九五年四月から、青石綿と茶石綿の使用は禁止されました。しかし白石綿はいまだに大量に使われています。地下に眠っていたアスベストを掘り出し、世界中で使ってきたために、米国やヨーロッパ諸国ではすでに膨大な被害者が出ています。遅れて使い始めた日本でも、いまや「静かな時限爆弾」の爆発予定時刻が、刻一刻と近づいているのです。

静かな時限爆弾

Q2 何が問題なのでしょうか。

最近、アスベストのことをよく耳にしますが、なぜ問題になっているのですか。健康に良くないものの中で、アスベストが特に問題になるのはどうしてですか。

アスベスト繊維は非常に細い繊維なので、吸い込むと気管から気管支、さらに肺の一番奥の肺胞にまで入り込み、がんをひき起こすおそれがあります。アスベストは、発がん物質なのです。

アスベストによって起こるがんとして、はっきりしているものが二つあります。一つは最近急増している肺がん（↓Q9）です。もう一つは悪性中皮腫《あくせいちゅうひしゅ》（↓Q10）といって、肺のまわりをおおっている薄い胸膜《きょうまく》（昔は肋膜《ろくまく》と言いました）や腸のまわりの腹膜にできるがんです。肺がんはいろいろな発がん物質で起こりますが、悪性中皮腫の原因はアスベストと考えて、まずまちがいありません。肺がんと悪性中皮腫のほか、喉頭がん、胃がん、大腸がん、直腸がんなどもアスベストによって起こるのではないかと疑われていますが、まだ定説にはなっていません。

アスベスト繊維をある程度吸い込むと、胸膜の広い範囲で線維が増加して厚くなってきます。これを胸膜肥厚《きょうまくひこう》といいます。病気ではありませんが、アスベスト以外では

アスベストによる病気

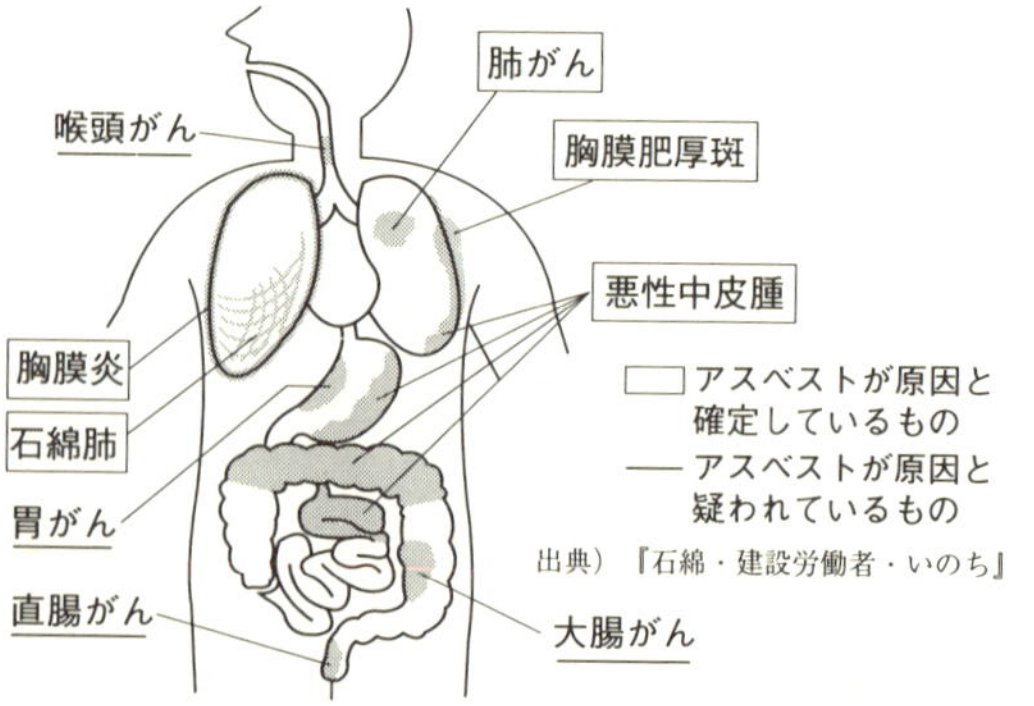

出典）『石綿・建設労働者・いのち』

起こらないので、アスベストを吸い込んだ証拠になります。

アスベスト繊維を大量に吸い込むと、じん肺の一種でもあるアスベスト肺（石綿肺→Q11）になるおそれがあります。アスベスト肺は、仕事でアスベストあるいはアスベスト含有製品を扱う人など、比較的大量のアスベストを吸い込んだ場合に起こります。それ以下ならアスベスト繊維を吸い込んでもアスベスト肺にならない「安全な濃度」があると考えられています。しかし、アスベスト繊維をすこし吸い込んでも、がんになる可能性があります。発がん性に関しては、「安全な濃度」というものはないと考えられています。アスベスト繊維をたくさん吸い込めば、それだけ発がんの可能性が高くなります。

例えば、こんな例が知られています。アスベスト製品製造工場で働いていた父親が、アスベスト肺で亡くなりました。奥さんは悪性中皮腫で亡くなりました。三人の子どものうち、二人は悪性中皮腫と診断されました。奥さんも、子どもたちも、工場に行ったこともないのに、どこでアスベスト繊維を吸ったのでしょうか。原因は、父親の作業服に付いてきたアスベスト繊維でした。作業服を洗濯する前に、奥さんがパタパタとほこりを落とす——奥さんも、子どもたちも、そのときにアスベスト繊維を吸い込んだのでした。

アスベスト製品製造工場の近くに住んでいた主婦や子どもも悪性中皮腫になりました。アスベストを使った物置の屋根に登ってワイヤブラシでコケを落とした姉妹が、

胸膜肥厚

アスベスト肺、石綿肺

発がんしない安全な濃度はない

家庭内ばく露

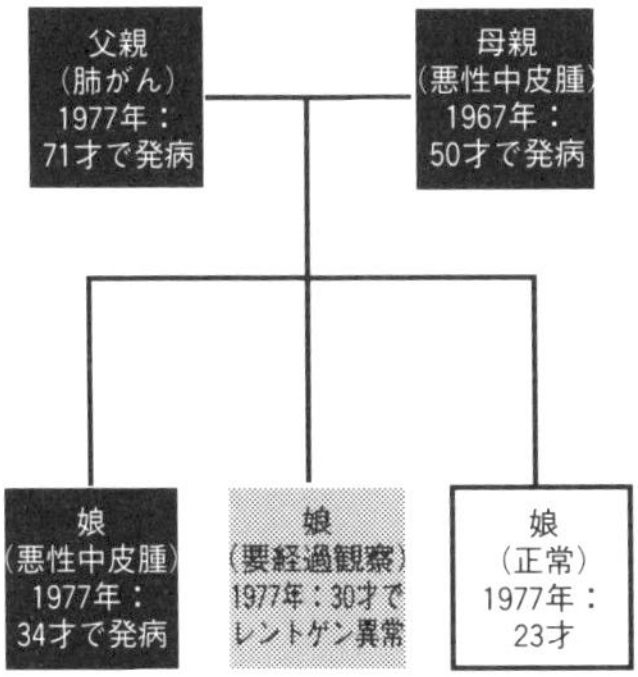

近隣ばく露

二人とも悪性中皮腫になったという報告もあります。ほんの少しのアスベスト繊維を吸い込んでも、がんになる可能性がある——それがアスベストのおそろしさです。

アスベスト繊維を吸い込んでも、自覚症状はありません。ここがやっかいなところです。おまけに、潜伏期間が非常に長いのです。吸い込んだアスベストの量によってもちがいますが、肺がんや悪性中皮腫で一八年から四〇年くらい、アスベスト肺で八年から二五年くらいの潜伏期間を経て、発病します。そのころには、どこでアスベストを吸ったか、思い出せないことが多いのです。

アスベストと、ほかの発がん物質との相乗作用で、肺がんを起こしやすくなることが知られています。例えば、たばこを吸う人は吸わない人の一一倍肺がんになりやすいのですが、アスベスト製品製造工場の労働者は一般の人の五倍、そのうちたばこを吸う人の場合は五三倍も肺がんになりやすいのです。アスベストとたばこによる肺がんの発がん性は、足算ではなく、掛算で効いてくるのです。アスベストが特に問題になるのは、ほかの発がん物質との相乗作用があるからです。

悪性中皮腫の場合は、アスベストとたばこの相乗作用はありません。

アスベストは身近な発がん物質です。建材をはじめ三〇〇〇種類もの用途に使われ、私たちの身の回りにあふれています。非常に細い繊維なので、空気中に飛散すると、なかなか落ちてきません。風に乗って一一二〇キロメートルも飛んで行ったという報告があるほどです。肉眼では見えず、においもしません。放射能なら測定器で簡単に

潜伏期間

アスベストとたばこの相乗作用

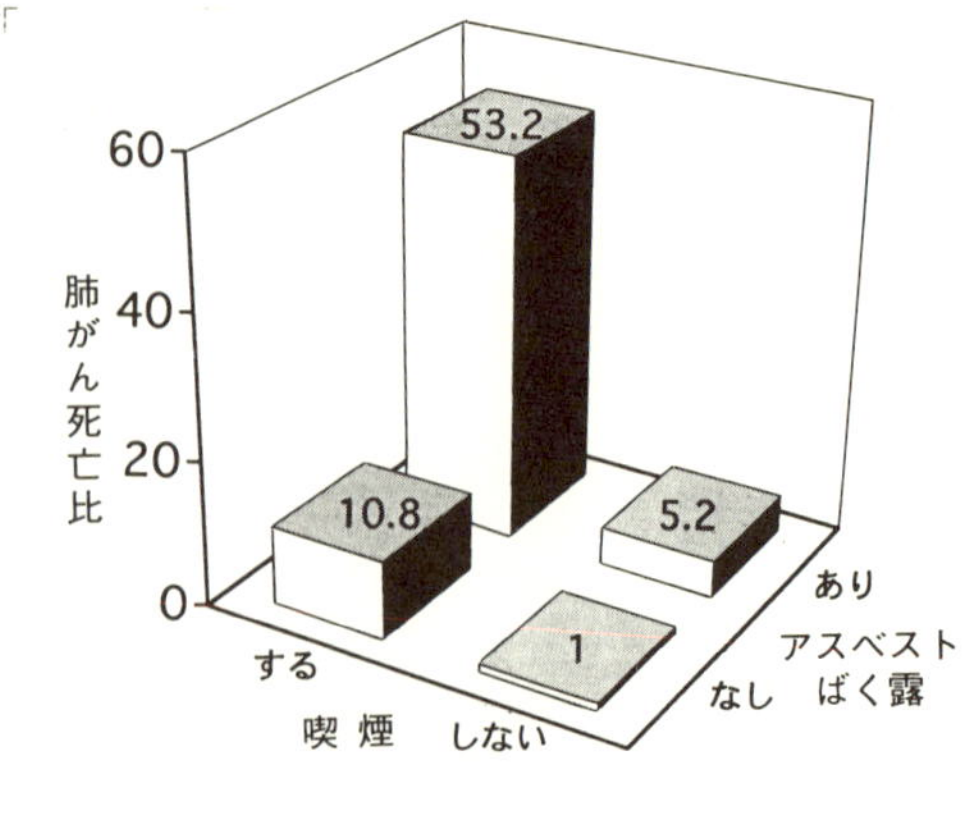

計ることもできますが、空気中に飛散したアスベスト繊維の測定は素人には困難です。自然界ではほとんど分解しないので、環境中にどんどん蓄積していきます。アスベスト汚染は確実に広がっています。

　体内に入ったアスベスト繊維のまわりにある種のたんぱく質が付着し、ちょうど鉄アレイのような形をした「アスベスト小体《しょうたい》」ができます。ほかの繊維でも同じような形の小体ができるので、繊維の種類が確認できないときは「含鉄小体《がんてつしょうたい》」と呼ばれます。東京および周辺住民のうち、肺内に含鉄小体が検出された人は、一九三〇年代には一〇％でした。しかし一九八〇年代には、八〇％以上の人から検出されています。

　いろいろな病気で亡くなった方の肺の一部を取り出して薬品で溶かし、残ったアスベスト繊維を電子顕微鏡で調べると、一九六五年から七四年には、肺の中にアスベスト繊維が見つかる人は五二％でした。ところが、一九八四年から八八年には、九九％の人の肺からアスベスト繊維が検出されています。アスベストが特に問題になるのは、こうした事実があるからです。

アスベスト小体

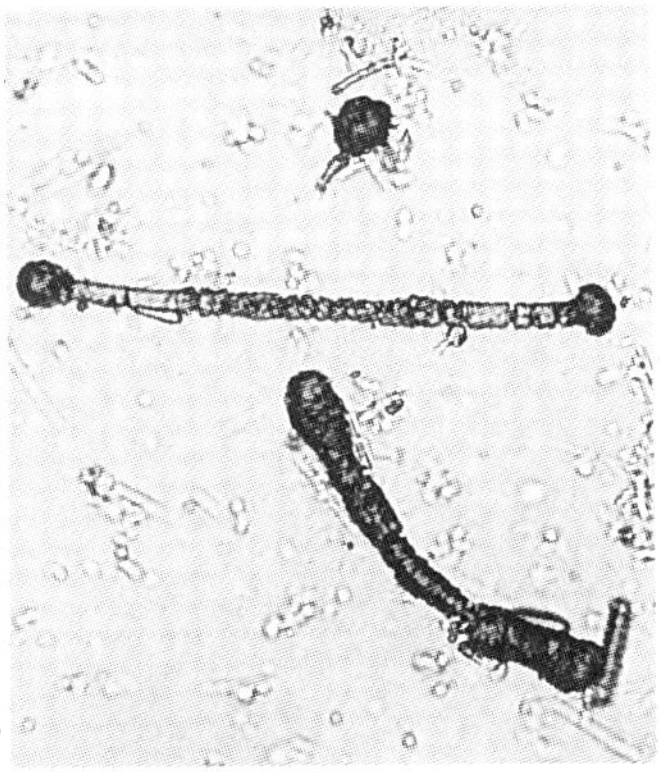

出典）『石綿・建設労働者・いのち』

含鉄小体

アスベスト汚染の拡大

Q3 どんなところに使われているのですか。

アスベストは私たちの身近なところで使われているそうですが、どういうものに使われたのですか。最近、使い方が変わっているのでしょうか。

アスベストは天然の鉱物ですが、軽くて強く、糸に紡《つむ》いだり、布に織ることもでき、断熱《だんねつ》性、絶縁《ぜつえん》性にもすぐれ、酸やアルカリなどの薬品にも強く、腐食《ふしょく》しないというすぐれた性質を持っています。発がん性が問題になるまで、アスベストは「夢の物質」と言われ、産業用品から日用品まで、約三〇〇〇種類の用途がありました。

一九七〇年代には、アスベストの六割以上が、石綿スレートを中心とする建材に使われていました。アスベストをセメントなどと混ぜ、不燃あるいは難燃《なんねん》建材を作るのに使われたのです。鉄道のプラットホームの屋根、工場や倉庫の屋根、壁には波形石綿スレートが大量に使われました。ビルなどの天井、間仕切り壁、床材、戸建て住宅のサイディング材などに、さまざまなアスベスト建材が使われました。工場や家屋の煙突にはアスベストセメント円筒が、水道管にはアスベスト管が使われました。

一九七〇年代前半には、アスベストの三%〜八%が吹き付け材として使用されています。これは火事のとき鉄骨が熱でグニャリと曲がらないよう、耐火被覆材《たいかひふくざい》として鉄

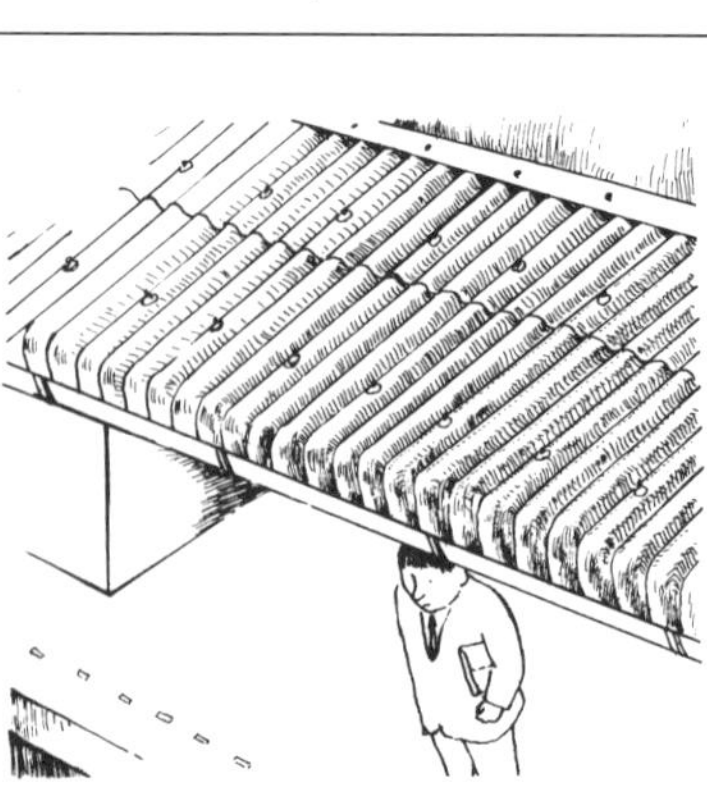

波形石綿スレート

骨に吹き付けたり、耐火・断熱あるいは吸音のためコンクリート建物の天井や壁に吹き付けたものです。

　アスベストは紡ぐことができるので、アスベスト糸あるいはアスベスト布も大量に作られました。大阪の泉南《せんなん》地域には、アスベスト含有率八〇%から一〇〇%のアスベスト紡織品を生産する零細な工場が密集していました。アスベスト糸、アスベスト布は、造船、製鉄、自動車をはじめ、熱に関係するさまざまな部門で利用されました。電線や管の被覆《ひふく》・充てん材、防火カーテン、防火幕、保温材、パッキンなどに使われ、「アスベストふとん」という保温材まで作られました。ソーダ工業や硫安《りゅうあん》工業では、電気分解工程の隔膜《かくまく》として、アスベストで織った布を使っていました。

　アスベストにゴムなどを混ぜて作るジョイントシートも、熱を使用するさまざまな部門で、パッキンやガスケットとして利用されました。アスベスト紙は電気絶縁紙や床材のクッションタイルの裏打ち材などとして大量に使われました。空調用配管や化学工場、石油精製プラントなどにはりめぐらされた膨大な配管の保温材にも、アスベストが使われました。

　摩耗に強い性質を利用して、ブレーキなどの摩擦材《まさつざい》としても使われています。自動車のブレーキライニング、クラッチフェーシング、バイクなどのディスクパッド、さらにエレベーターをはじめ各種産業機械のブレーキライニング、クラッチプレート、鉄道用のブレーキなどにも使われてきたのです。

パッキン

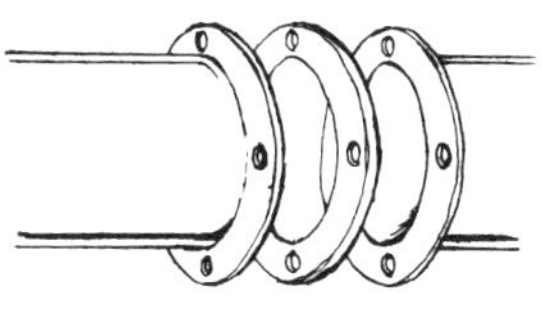

ブレーキライニング

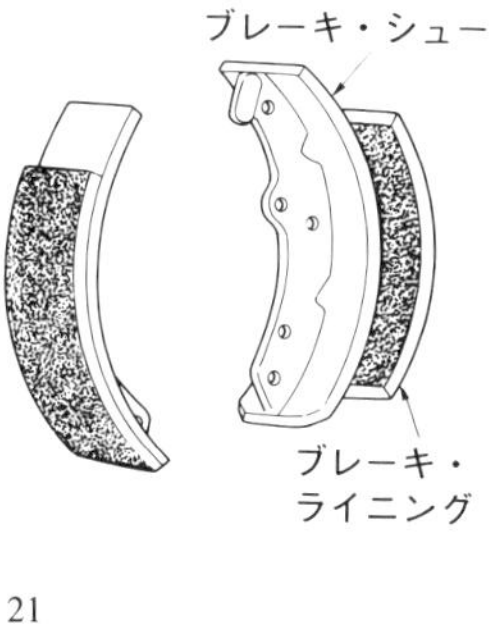

アスベスト問題が大きな社会問題になるまでは、「えっ、そんなところにも？」と驚くような使い方もされました。アスファルトと混ぜて、道路舗装《ほそう》、自動車底部の塗装、屋根、タイルなどに使われたり、ベアリング用グリースに混ぜたり、接着剤や塗料にも充てん材として使われました。醸造《じょうぞう》メーカーはお酒やビールをこすとき、アスベストで作ったフィルターを使っていました（→Q20）。米国製のたばこ「ケント」のフィルターは、一九五二年から一九五六年まで青石綿を使っていて、喫煙者はたばこの煙と一緒に青石綿繊維を吸い込んでいました。ガラス工場では、熱いガラスの塊を次の工程に送るときのベルトコンベヤーに、アスベスト布が使われました。トースター、電気オーブン、ヘアドライヤーなどの断熱材、電熱線の保持材にもアスベストが使われてきました（→Q19）。

しかしアスベストの発がん性が広く知られるようになると、アスベストの用途は大幅に制限されるようになりました。一九七五年、アスベスト吹き付けが原則的に禁止されました。一九八七年に小中学校の吹き付けアスベストが大問題になり、アスベストの代替化が進められました。アスベスト糸やアスベスト布の生産は激減しました。それでも一九九二年ころ、台所のガスレンジと壁との間に防火用に使われてきたアスベスト布（片面にアルミコーティングしたもの）がホームセンターで販売されていました。一九九五年には、ピータイルなどの内装材、パッキン、ガスケット、ジョイントシート、保温材、クラッチは、ほとんどがノンアスベスト製品になっています。新

タバコのフィルターにアスベスト

ノンアスベスト化

車用のブレーキライニングはノンアスベスト製品ですが、補修用にアスベスト製のブレーキライニングが生産されています。その結果、アスベストの約九割は建材に、約六%がブレーキなど摩擦材に使われています。アスベスト含有建材の大部分は、コロニアルなどの商品名で知られる薄い屋根瓦（住宅屋根用化粧石綿スレート）と、石綿スレートです。

アスベストの用途別使用量

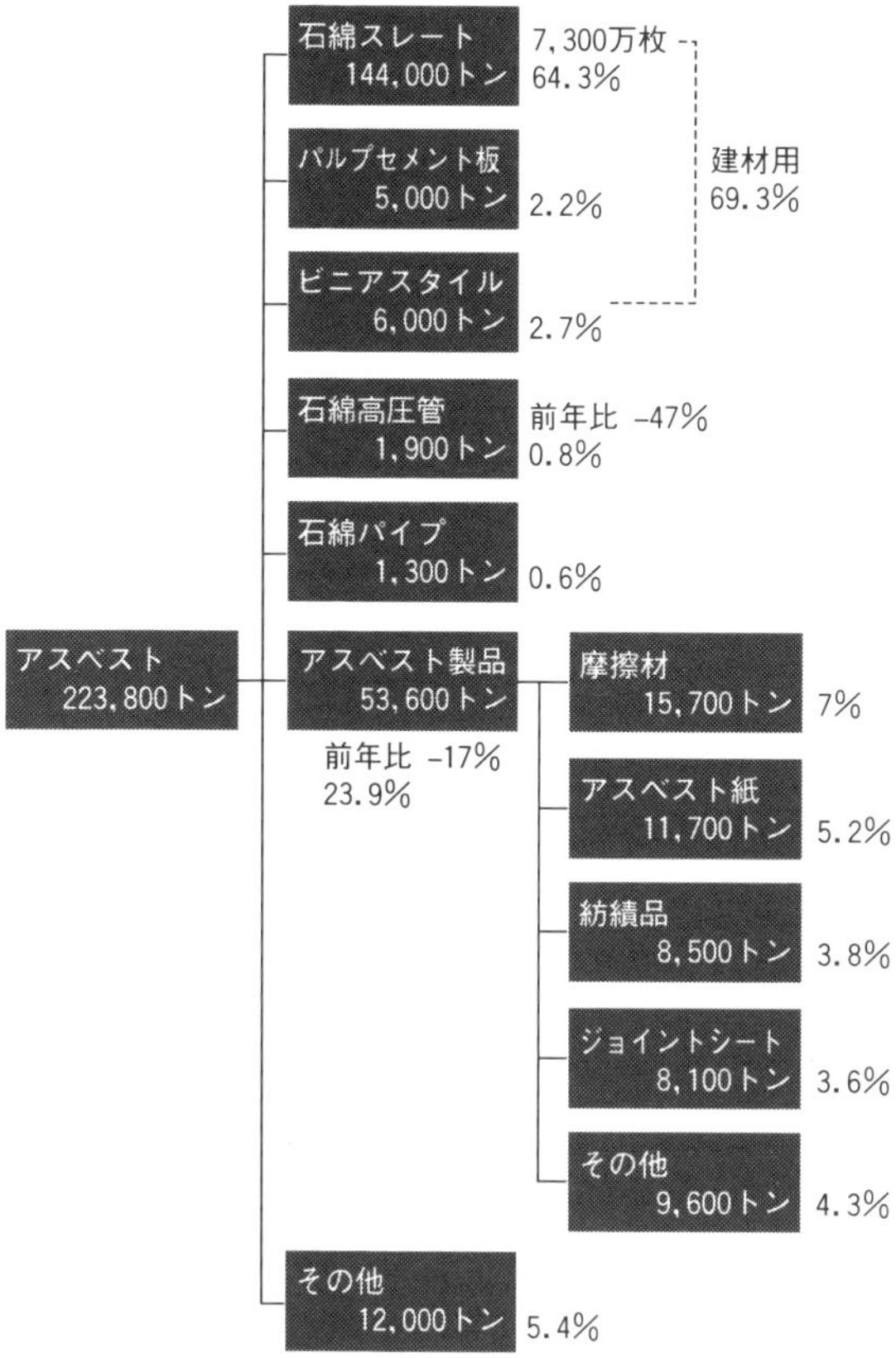

出典）1982年日本石綿協会調べ、『せきめん』451号

Q4 いつ頃から使われているのですか。

一九六〇年代に「もう火事の心配はいらない」と言いながらブリキの煙突と交換した白い筒がアスベスト管なのですね？あの頃から使われ始めたのですか。

石器時代から使用

スーダンやケニアでは、石器時代に早くもアスベストを使用していた形跡があり、フィンランドでは紀元前二五〇〇年にアスベストの存在に気づいています。

歴史時代に入ってからは、エジプト、ギリシア、ローマなどの書物に登場するようになりました。それらによると、ギリシア・アテネの神殿の金のランプ、ローマ・ウェスタの神殿の「永遠の火」の灯芯《とうしん》は、ともにアスベストでした。さらに、ナプキン、女性の髪飾り、上流階級の着衣、皇族の屍衣《しえ》などにも、用いられました。

紀元七七年にローマで完成した、西洋で最初の百科事典『博物誌』（プリニウス編）には、「燃えにくいリンネル（麻）が発明され、『生きた』リンネルと呼ばれている。インドの暑熱の土地に生えている稀少な植物が原料で、短繊維なので織りにくい。そのため、少量でも見つかれば、最高級の真珠にも劣らぬ高値を呼ぶ」等々と紹介されています。同書は、中世にかけて、最も権威ある科学書として、ヨーロッパ各地で広く読まれており、人々のアスベスト観にも大きな影響を与えました。

わが国最古の小説『竹取物語』には、なんとアスベストのにせ物が出現、かぐや姫が見破るくだりがあります。左大臣・阿部のみむらじが贈った唐土《もろこし》の〝火ねずみの皮衣《かわごろも》〟を、姫が「本物ならば燃えませんよね」と火にくべさせ、灰にしてしまったのです。ほぼ同時期（平安時代）の事典『倭名類聚抄《わみょうるいじゅしょう》』は、「『神異記《しんいき》』によれば、火ねずみの毛を織った布は、焼くと汚れが落ちて美しくなる」と書いています。

なお、おとなりの中国の『三国志・魏志《ぎし》』などでのアスベスト布の表現は、「火で浣《あら》えば、また美しくなる」の意味を持つ〝火浣布《かかんふ》〟です。

わが国史上初めて二センチメートル角のアスベスト布製造に成功し、〝火浣布〟の名で発表したのは、江戸時代の奇才・平賀源内でした。が、すでに長崎には、オランダからアスベスト製大判ナプキンが渡来していました。

源内が蘭学者らの失笑を買っていた頃、イギリスは産業革命期に突入しました。アスベストの工業的利用が始まったのはこの時期で、蒸気機関の保温・断熱材、ピストンのパッキンとして用いられ、注目を浴びました。アスベストの紡績法が改良され、アスベスト布、アスベスト紙が大量生産されるようになるのと、カナダや南アフリカで大鉱脈が発見されるのは、ほぼ同時期でした。イギリス、ドイツ、フランス、スペイン、オーストリアなど各国でも新鉱脈が相次いで発見されました。一八六二年のロンドン万国博覧会にはカナダ産アスベストの原石が、また六年後のパリ万国博ではアスベスト製品が展示され、アスベスト大量使用時代の到来を告げました。

火鼠の皮衣

産業革命とアスベスト

日本は両万国博に出展しており、この熱気を目のあたりにしたはずです。開国を迫ったペリーの黒船、新橋から横浜までが最初に開通した陸蒸気《おか》などには、当然アスベストが使われていたはずで、日本の近・現代史はアスベスト産業史とほぼ重なります。

工業用原料としてのアスベストのさまざまな特性がほぼ解明され尽くしたのは二〇世紀初頭で、アスベストはこれ以降、建設から自動車の製造まで三〇〇〇種類ともいわれる工業製品に使用されてきました。特に戦争はアスベストを大量に必要とし、アスベスト産業に好況をもたらしました。というのは、おびただしい量の軍艦や戦車、軍用機などがぶ厚い断熱材を必要とし、防毒マスクがフィルター用青石綿を必要としたからです。これらは消耗品であり、軍需工場では、銃後の女たちもアスベストにまみれて働きました。第二次大戦下の日本の場合はこれに強制連行された朝鮮人、学徒動員された少年少女らが追加されます。

敗戦直後の大混乱の中、日本のアスベスト業界はＧＨＱに必死の陳情をくり返し、食糧増産用肥料を生産するためアスベスト製の電解膜《でんかいまく》生産を許されました。一社の〝戦犯〟も出さずに軍需から民需へと大転回し、折りからの食料難時代を背景に大躍進したのでした。日本の復興と共にアスベスト使用量も増大し続けましたが、全世界のアスベスト産出量も、ピークの七〇年代後半には毎年五〇〇万トンにものぼりました。これは前世紀末から一九三〇年代までの総産出量を超えるものです。欧米各国が使用禁止に踏み切り、代替品へ移行してからは、年間産出量も減ってきています。

Q5 毒性がわかったのは、最近ですか？

アスベストの毒性を知って驚いたのは、小中学校の天井などの吹き付けが社会問題化した一九八七年でした。この頃、初めてわかったのですか？

ギリシャ時代から被害

紀元前後のギリシア・ローマ時代、アスベスト鉱山で働く抗夫たちやその繊維を織る奴隷たちの間に、早くも肺疾患が多発していました。一世紀頃には、動物の膀胱《ぼうこう》の透明な膜を防じんマスクとして使っています。ランプの芯職人らが防じんマスクで自衛しているとの記録も残されており、アスベスト災害が深刻かつ広範囲だったことをうかがわせます。アスベストの語源はギリシア語の「消すことの出来ない」という形容詞に由来すると言われ、環境中や体内で半永久的に劣化しないアスベストの特性に、当時の人々がとまどい悩んだ痕跡《こんせき》を刻みこんでいるかのようです。

その後、産業革命期に着目されるまで、アスベストは珍奇な貴重品としての関心しか抱かれず、また採取場所や製法なども秘密にされたため、災害史の記録は残っていません。

アスベストの工業用大量使用時代の到来は、現在も稼行中のカナダ・ケベック州の露天掘り鉱山群での本格的な採掘が始まった一八七七（明治一〇）年に幕を開けました。が、二一年後の一八九八年には、早くもアスベストの人体への危険性を警告する論文が、イギリスの女性工場調査官によって発表されました。

その二年後にロンドンの病院で行われた死体解剖で、勤続十年目の織物工だった三三歳の男性の肺内からアスベストの鋭く尖った小破片を摘出。イギリス政府・職業病患者への補償を検討する委員会に召喚された解剖医は、アスベスト吸入が死因であると証言しています。織物工は生前、同期の同僚九人が全員死んだと、彼に訴えていました。その言葉を裏書きするように、一九〇〇年頃のイギリスのアスベスト織物工場では三〇代前半の女工たちの肺繊維症《はいせんいしょう》による死亡が相次ぎ、大問題に発展しました。一九二七年、彼女たちの病名はアスベスト肺と命名されました。

二年後、同国内務省の検査官は国内三六三カ所のアスベスト織物工場を査察し、労働者の健康状態を調べたところ、二五％以上の労働者の肺に異常のあることがわかりました。同省は一九三一年、従業員が週に一度以上の頻度でアスベスト粉じんにさらされる全工場に対して、強制換気用ファンの設置を義務づける安全規則を制定しました。が、工場側は経費増大につながるこの規制の網を巧妙にくぐりぬけてしまいました。

フランスでも一九〇六年に、労働省の査察官が国内のアスベスト工場を調査、わずか五年間で五〇人が死亡した工場などを発見しました。一九一二年には、カナダも同様の調査を実施するなど、産業革命の伝播《でんぱ》とともにアスベスト災害も急速に拡大し、それは看過《かんか》できぬほどすさまじかったのです。

一九三〇年は、米国でアスベスト肺に関する研究報告が相次いだ年でした。三〇年代前半にかけて、より組織的な疫学《えきがく》調査が実施され、三八年には米国公衆衛生局によって、アスベスト織物工場従業員の大きな危険性が証拠と共に報告されました。

複数の保険会社がアスベスト企業との生命保険契約を拒否している、という内容の報告書が米国労働省から刊行されたのは、一九一八年という早い時期でした。それ以外の保険会社は、死亡率を五〇パーセントと推定して、高額の保険料で引き受けるなど、ハードルを高くしました。

アスベスト企業が初めて損害賠償請求《そんがいばいしょうせいきゅう》され敗訴したのは、一九二七年のことです。それを契機に三年間に数百以上の請求が、米国中の裁判所や補償委員会に殺到、アスベスト産業は最初の大きな危機に直面したのでした。総額一億ドル（当時）もの巨額の損害賠償請求をつきつけられたのはジョンズ・マンビル社（注）で、辣腕《らつわん》弁護士と企業寄りの医師の雇用、保険加入、法廷外での被害者との秘密の直取引など強面で乗り切りに成功。業界のその後の対応策のひな型となりました。

一九三〇年代初め、右の事態に危機感を抱いた同国のアスベスト業界は、発病した労働者への損害賠償額を低く抑えるための補償制度を求めて熱心にロビー活動をし、成功しました。この制度は犠牲者が雇用者を訴えることを禁じたため、五〇年代後半まで、製造業者と保険業者の負担額は軽量級でした。第二次大戦を挟んだ同時期に、

米国のアスベスト被害

ジョンズ・マンビル社
一九〇一年創業。製品数二〇〇〇以上。GEなどと並ぶ米国屈指の優良企業で、世界最大のアスベスト関連コングロマリットとなったが、集団損害賠償訴訟に直面し、一九八二年に計画倒産した。一九八一年にマンビル社に社名変更。

アスベスト使用は質量共に拡大します。

アスベスト労働者の肺ガンと悪性中皮腫が世界で初めて報告されたのは、一九三五年でした。五〇年代に、アスベストばく露と肺ガンとの因果関係が確定し、六〇年代に悪性中皮腫との関連性が明白になりました。

一九六〇年以降、アスベスト労働者の妻子や使用人、近隣住民らの悪性中皮腫等の報告が相次ぐようになり、アスベストは小量ばく露した者に対しても危険であることが判明しました。

一九六四年、米国のセリコフ博士は国際会議の壇上で、二〇年以上アスベスト粉じんにさらされた労働者の八七パーセントが肺に深刻で回復不可能な損傷を受けていると報告。さらにその後の研究で、アスベスト絶縁体を扱う労働者は他職種の工業労働者よりも、肺がんで七倍、胃がんで三倍もの高率で死んでいることを明らかにしました。ジョンズ・マンビル社を相手どる訴訟が急増しました。同社労働者、同社製品を長期間使用してがんになった人々、遺族たちが製造物責任法《せいぞうぶつせきにんほう》により訴えたのです。

これら裁判に伴う「証拠開示」義務によって、ジョンズ・マンビル社を含む多数の企業が、アスベストの危険性を何十年も前から知りながら無視しつづけ、何百万人という労働者・消費者の健康を危機にさらしてきたことが証明され、八一年、陪審団《ばいしんだん》は高額の懲罰的《ちょうばつてき》賠償をマンビル社に支払わせることを決定し、控訴審でも支持されました。それ以降、アスベスト訴訟では業者に懲罰的損害賠償金を命ずることが、慣例と

発がん性の確定

製造物責任法
PL法ともいい、日本では一九九五年七月より施行。一九六〇年代半ばの米国では消費者運動が高揚し、PL法の考え方においても、「製造物の欠陥がユーザーにとって過度に危険な場合」すべてを対象とするべきと拡大された。

危険性隠し

ロイズの危機

なっています。米国のアスベスト企業各社の賠償責任保険や再保険を引き受けてきたイギリスの名門保険会社ロイズは、それが一因となって、三〇〇年前の創業以来最大の危機に直面しています。今後、多数の保険会社が倒産するのではないかと危惧《きぐ》されています。

マンビル社の計画倒産

マンビル社はカナダに所有していたアスベスト鉱山の売却など、さまざまな方法で集団訴訟を切り抜けようとしましたが、依頼した調査機関は、将来に至る膨大な数の損害賠償訴訟は不可避であると結論しました。同社は一九八二年、計画倒産し、その後数社が続きました。

米国政府の対応

一九七八年四月、米国政府は国民に向かってアスベストの脅威を警告し、第二次大戦以降、全土に一一〇〇万人のアスベスト被ばく者がいること、その半数にがんによる死の危険性がある、と訴えました。同時に国内四〇万人の医師に手紙を発送し、アスベスト関連の病気の診断法と処置法について情報を提供しました。

一九八〇年代以降、北欧諸国は相次いでアスベスト使用を禁止し、そのうねりはヨーロッパ諸国にも広がってきています。法律で禁止しない国々の中にも、使用量が激減している国は多く、二〇万トンものアスベストを使いつづける日本は情報鎖国状態から、いまだ脱しきれていないように見うけられます。

Q6 日本では、すでに使用禁止になっていますか？

アスベストは発がん物質だから、当然、日本ではもう使用禁止になっていると思います。今でも問題になっているのは、どうしてでしょうか。

一九八七年、全国の小中学校に吹き付けアスベストが見つかり、大きな社会問題になりました。吹き付けアスベストは撤去《てっきょ》されたり、薬剤で封じ込められたりして、対策がとられました。「アスベストは発がん物質なんだから、当然使用禁止になっている」と思っている方が多いのは当然です。

ヨーロッパ八カ国では、すでにアスベストの使用は禁止されています。イギリス、フランス、米国、オーストラリアなどではアスベストの使用量は激減しています。欧州連合（EU）も、アスベスト規制を強化しています（→Q38）。しかし日本は、いまだに年間約二〇万トンものアスベストを輸入して使用しています。ロシア共和国に次いで、中国と世界第二位を争うアスベスト使用大国です。アスベストの使用はいまだに禁止されていないのです。

国際的には、ILO（国際労働機構）のアスベスト条約（石綿使用における安全に関する条約　第一六二号）が発効していて、青石綿（クロシドライト）の使用を禁止

日本とイギリスのアスベスト輸入量

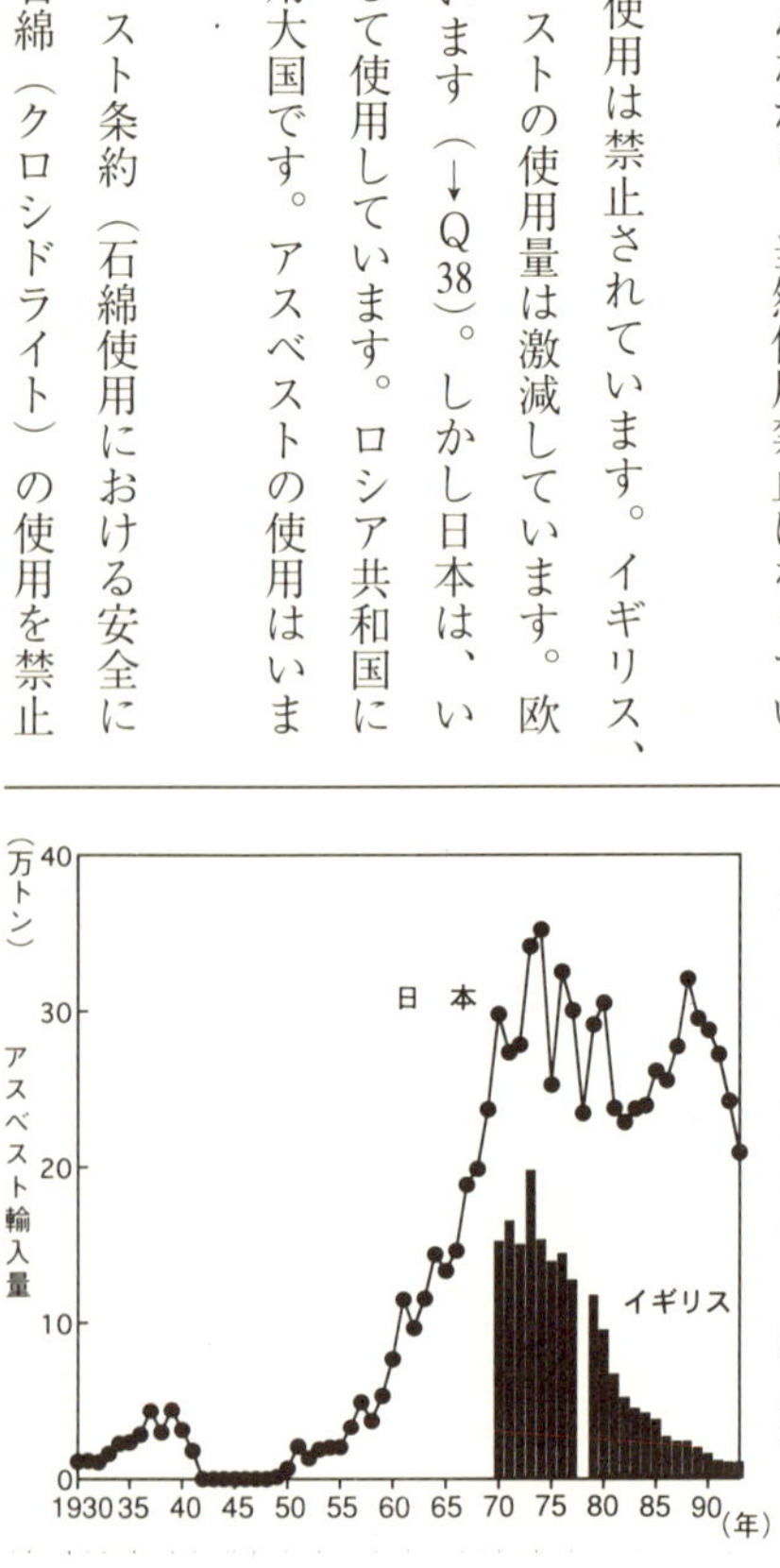

しています。日本はこのILO条約さえも、いまだに批准《ひじゅん》していないのです。もっとも、日本石綿協会は一九八五年に青石綿の使用を廃止し、一九九三年五月末には茶石綿（アモサイト）の使用を廃止したとしています。こうした動きを受けて、一九九五年四月、労働省はようやく労働安全衛生法施行令第一六条を改正し、青石綿と茶石綿の使用、製造、輸入、販売、提供を禁止しました。使用禁止といっても新たに使用することを禁止するだけで、一九九五年四月以前に使われた青石綿あるいは茶石綿は放置されたままです。また、白石綿の使用はいまだに禁止されておらず、年間約二〇万トンも使用されています。

では、白石綿は安全なのでしょうか。

国際がん研究機関（IARC）、世界保健機構（WHO）、産業衛生専門家会議（ACGIH）、米国毒性プログラム（NTP）などの研究機関が、白石綿も発がん物質であると評価しています。日本の労働省も、白石綿は発がん物質と認定しています。日本石綿協会も「健康への影響がもっとも少ない『クリソタイル』（白石綿）」の表現で、白石綿も健康に有害であることを認めています。

白石綿は、ロシア共和国、カナダ、南アなどで主に採掘されていて、世界の生産量の約九割を占める主流のアスベストです。カナダのアスベスト業界や、国際アスベスト協会、日本石綿協会、そしてこうした業界団体から援助を受けている研究者は、「白石綿は悪性中皮腫を起こさない（あるいは起こしにくい）」と主張して、いかにも

ILO条約

青石綿と茶石綿は禁止

白石綿も発がん物質

白石綿に発がん性がないかのような宣伝をしています。日本石綿協会の機関誌『せきめん』の記事は、ほとんど毎号、こうしたキャンペーンで埋めつくされています。

しかし、白石綿が肺がんを引き起こすことは、どの研究者も認めています。白石綿が発がん物質であることは、明白なのです。白石綿が悪性中皮腫の原因となるかどうかについては、たしかに研究者によってちがいがあります。白石綿は悪性中皮腫を引き起こさず、白石綿にわずかに混入している青石綿などが悪性中皮腫の原因だという主張もあります。しかし、現実に使われているのは、そういう白石綿なのです。また、大阪府立成人病センターの森永謙二先生らは、悪性中皮腫で亡くなられた一八人の肺の中のアスベスト繊維を調べ、青石綿など角閃石族（→Q1）のアスベストが検出されず、白石綿だけが検出された例を五つ報告しています。

アスベスト業界は「アスベストは管理して使用すれば安全」とも主張しています。しかし、アスベスト製品製造工場の中はともかく、アスベスト製品を取り扱う現場では、アスベスト繊維を飛散させないよう厳密に管理することは、ほとんど不可能と言っても過言ではありません。阪神・淡路大震災後のビル解体で、大量のアスベストが飛散しました。新築時のアスベスト建材からの飛散防止措置など、ほとんどとられていないのが現状です。第一、地震でビルが倒壊するとき、どうやってアスベストの飛散を「管理」できるのでしょう？　発がん物質アスベストは、使用を禁止しないかぎり、いつまでも子孫の健康をおびやかし続けるのです。

Q7 アスベストは、どこでとれるのですか。

アスベストは鉱物だそうですが、日本のアスベスト鉱山というのは、聞いたことがありません。外国から輸入しているのでしょうか。主な産地はどこですか。

アスベストは天然の鉱物繊維で、地下に埋まっています。アスベスト鉱山の多くは露天掘《ろてんぼ》りです。アスベストを含む岩石を掘り出して、粉砕し、アスベスト繊維を取り出します。

アスベストの最大の産出国は旧ソ連（現在はロシア共和国）です。カナダがこれに次ぎ、旧ソ連とカナダで全世界の産出量の七割を超えています。南アフリカのケープ地方とトランスバール地方で青石綿と茶石綿が産出されていた以外は、すべて白石綿です。

欧米諸国ではアスベストの使用禁止・削減が相次ぎ、アスベスト産出量は一九七六年をピークに減少し続けています。

日本にも小規模なアスベスト鉱山はありました。第二次世界大戦中、カナダからの輸入が途絶えたため、戦艦や戦闘機に必須の軍需物資《ぐんじゅぶっし》アスベストを自給する必要に迫られ、全国のアスベスト鉱山開発が国策で進められました（↓Q24）。そのほとんど

世界のアスベストの産出量

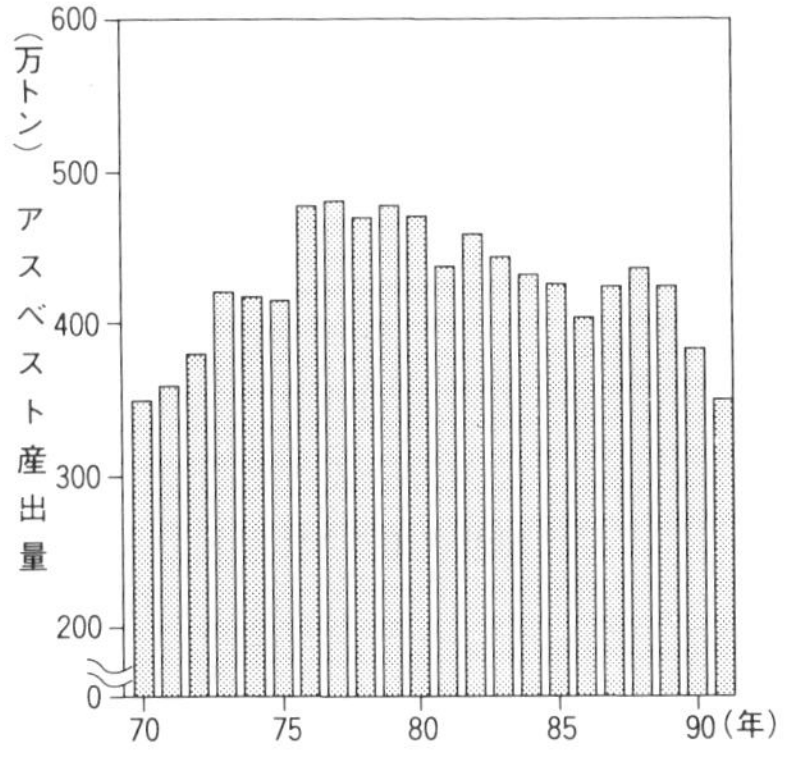

は敗戦とともに閉鎖されましたが、北海道富良野《ふらの》市のノザワ鉱山だけは今も操業しています。アスベストを新たに掘り出すことはせずに、一度アスベスト繊維を取り出したあとの鉱さいから、短繊維のアスベストを年産五千トン程度回収しています。

日本で使用しているアスベストの約九八%は、輸入されています。主な輸入先は、カナダ、南アフリカとソ連（ロシア共和国）です。最近はジンバブエ、ブラジルからも輸入されています。

各国のアスベスト産出量と日本の輸入量

国　名	産出量（トン・1989年）	日本の輸入量（トン・1995年）
ソ連	2,600,000	11,952（ロシア）
カナダ	701,227	85,890
ブラジル	206,195	10,462
ジンバブエ	187,066	29,489
中国	160,000	
南アフリカ	156,594	42,181
ギリシャ	72,500	
イタリア	44,348	
インド	36,502	
スワジランド	27,291	976
アメリカ合衆国	17,427	9,716
ユーゴスラビア	9,111	
コロンビア	7,900	
日本	5,000	
イラン	3,300	
南朝鮮	2,361	
エジプト	312	
ブルガリア	300	
アルゼンチン	225	
		809（その他）
合計	4,237,659	191,475

出典）"Minerals Yearbook"（1991）、『日本貿易月表』

日本のアスベスト輸入先

輸　入　先	1967年		1995年	
カナダ	90,761トン	48.1%	85,890トン	44.9%
南アフリカ	67,896	36.0	42,181	22.0
ジンバブエ			29,489	15.4
ソ連／ロシア共和国	20,454	10.8	11,952	6.2
米　国	8,754	4.6	9,716	5.1
ブラジル			10,462	5.5
その他	876	0.5	1,785	0.9
計	188,741	100	191,475	100

出典）『日本貿易月表』

世界のアスベスト産出国（1989年）

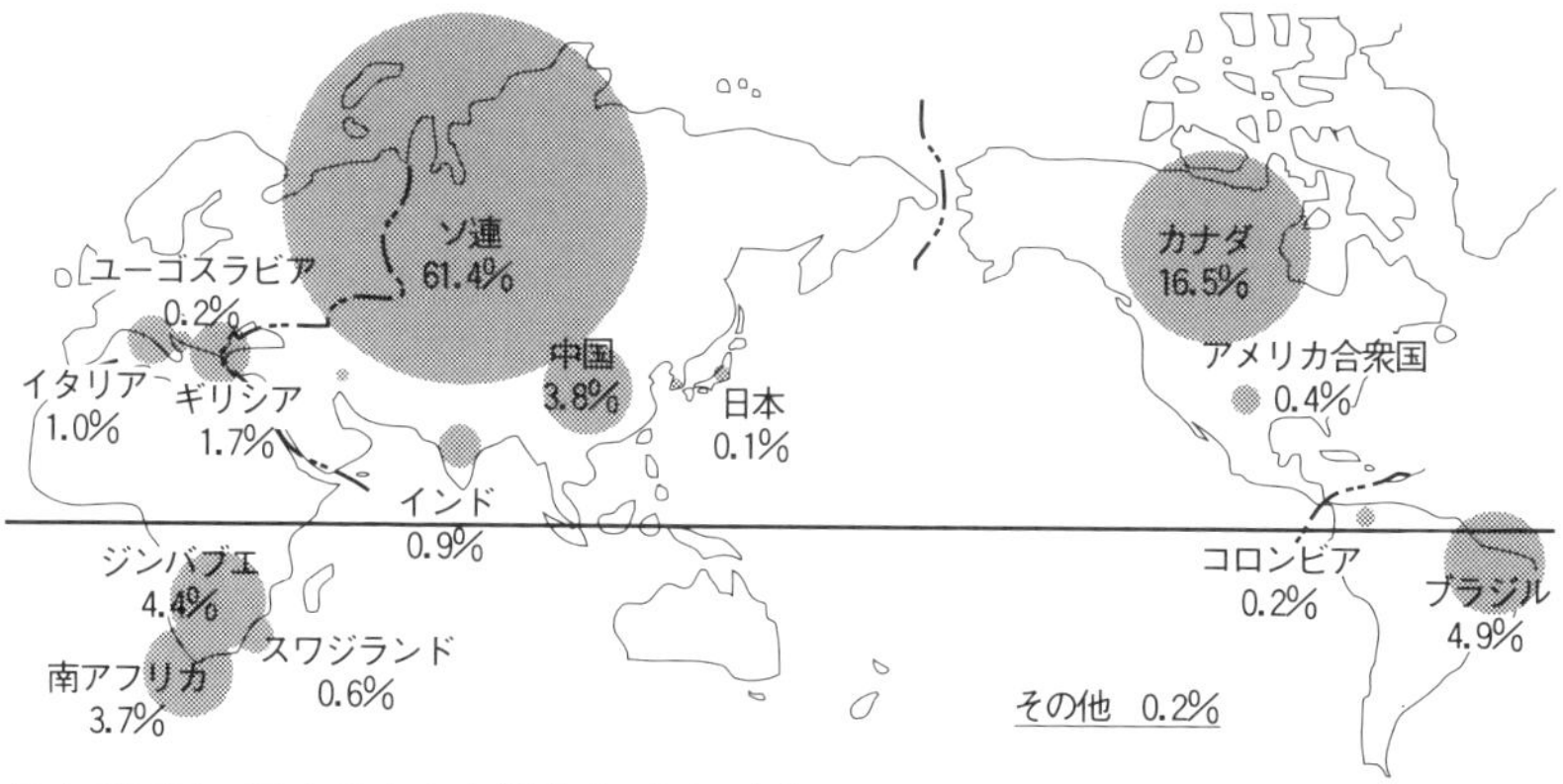

日本のアスベストのおもな輸入先（1995年）

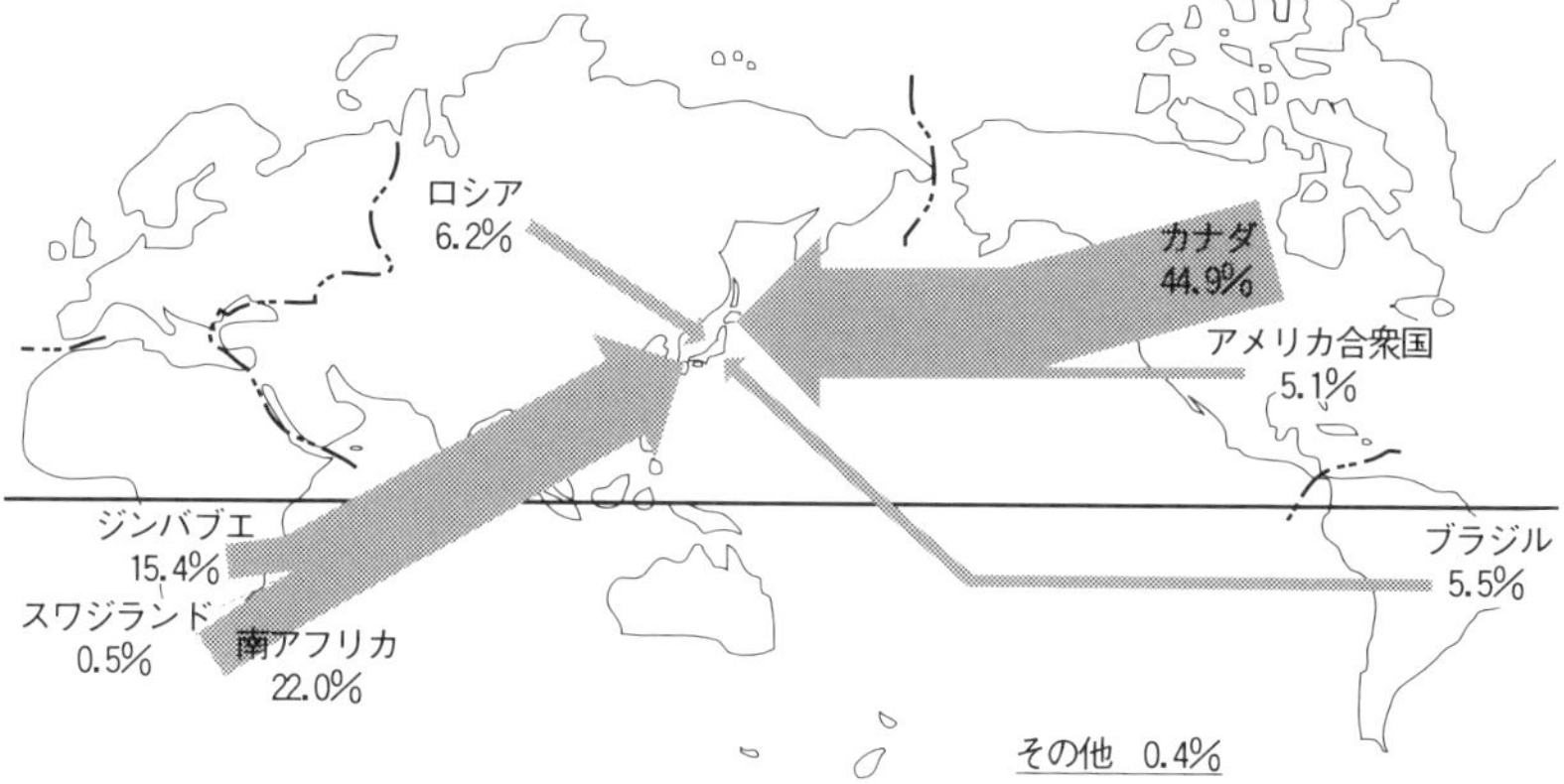

＊右頁「世界のアスベスト産出量と日本の輸入量」表を元に作成

Q8 アスベストはどうやって調べるのですか。

吹き付け材や建材などにアスベストが使われているかどうか、どうやって検査するのでしょうか。空気中のアスベスト濃度測定法も教えてください。

吹き付け材や建材などにアスベストが使われているかどうか調べるには、設計図書、商品名、不燃番号、aマーク（↓Q28）などから調べる方法もあります（↓Q25、Q28）が、最終的にはX線回析《えっくすせんかいせつ》による検査が決め手になります。

X線回折法は、物質にX線を当てて反射されるX線の強さを調べる方法です。結晶構造を持つ物質の場合、X線を当てる角度を変えていくと、ある角度でX線が強く反射されます。その角度は結晶の種類によってちがうので、その角度からアスベストかどうか判定することができます（↓次頁欄外）。反射されるX線の強さから、アスベストの含有率《がんゆうりつ》も測定できます。

空気中のアスベスト濃度の測定には、大きく分けて顕微鏡法とデジタル測定器法の二つの方法があります。

顕微鏡法は、フィルター越しに一定量の空気を吸い込んでアスベスト繊維を集め、アスベスト繊維が何本あるか、顕微鏡で数える方法です。メンブランフィルターとい

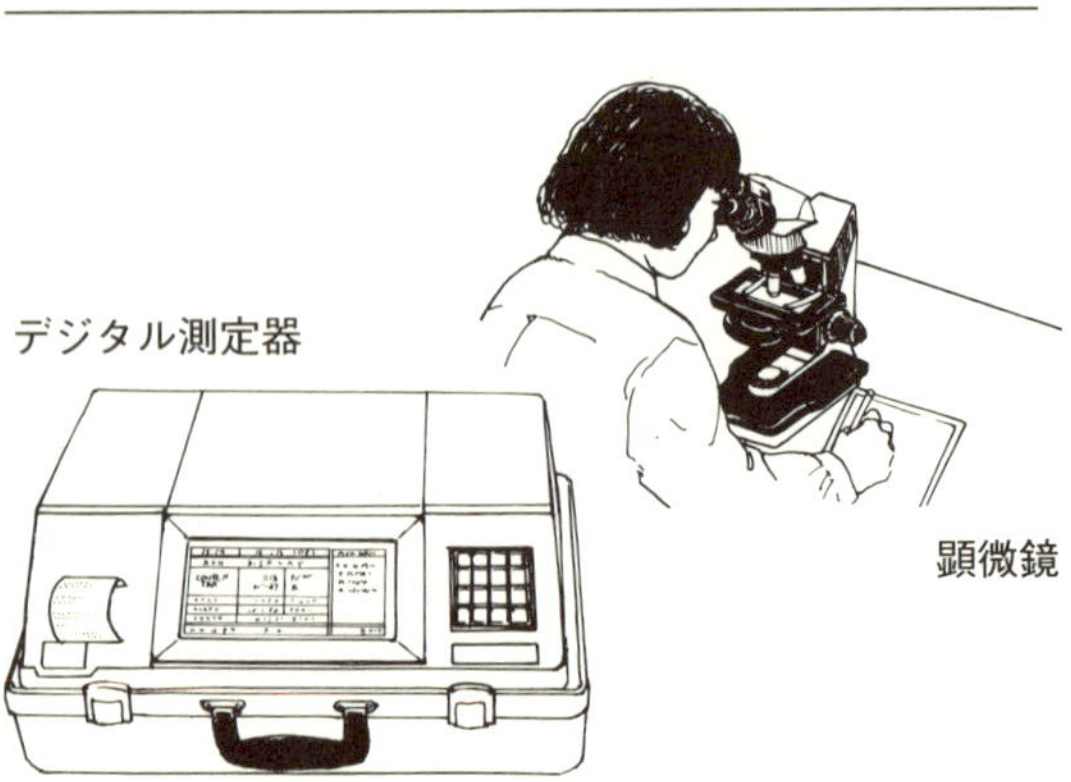

う特殊なフィルターを使うので、メンブランフィルター法とも呼ばれています。

普通の顕微鏡では白石綿の繊維は見えないので、位相差《いそうさ》顕微鏡という特殊な顕微鏡でアスベスト繊維を数えます。しかし位相差顕微鏡を使っても、青石綿や茶石綿の繊維は正確に数えられませんし、アスベスト以外の繊維も数えてしまう場合があります。また、空気中に浮遊しているアスベスト繊維は長さも太さもさまざまです。位相差顕微鏡は普通四〇〇倍で観察するので、全体のわずか数%、長さ五ミクロン（一ミクロンは一ミリの千分の一）、太さ〇・二ミクロン以上の繊維しか測定できません。しかし、五ミクロン未満の短いアスベスト繊維にも、弱いながら発がん性がある可能性があります。

このように、位相差顕微鏡による測定は問題が多いので、外国では電子顕微鏡による測定が行なわれています。電子顕微鏡を使うと倍率を高くできるので、細い繊維や短い繊維も測定できます。分析電子顕微鏡を使えば、電子線を照射したりして繊維の種類を調べ、アスベスト繊維だけを測定することもできます。アメリカ合衆国環境保護庁（ＥＰＡ）は、小中学校のアスベスト処理後に電子顕微鏡による濃度測定を義務づけています。日本では、電子顕微鏡による測定はまだほとんど行なわれていません。

デジタル測定器法は、ファイバーエアロゾルモニターという測定器に空気を吸い込みながらレーザー光を照射し、繊維性粉じんを測定する方法です。顕微鏡法の場合、測定結果がわかるのは、普通翌日以降ですが、デジタル測定器法だと測定結果がすぐ

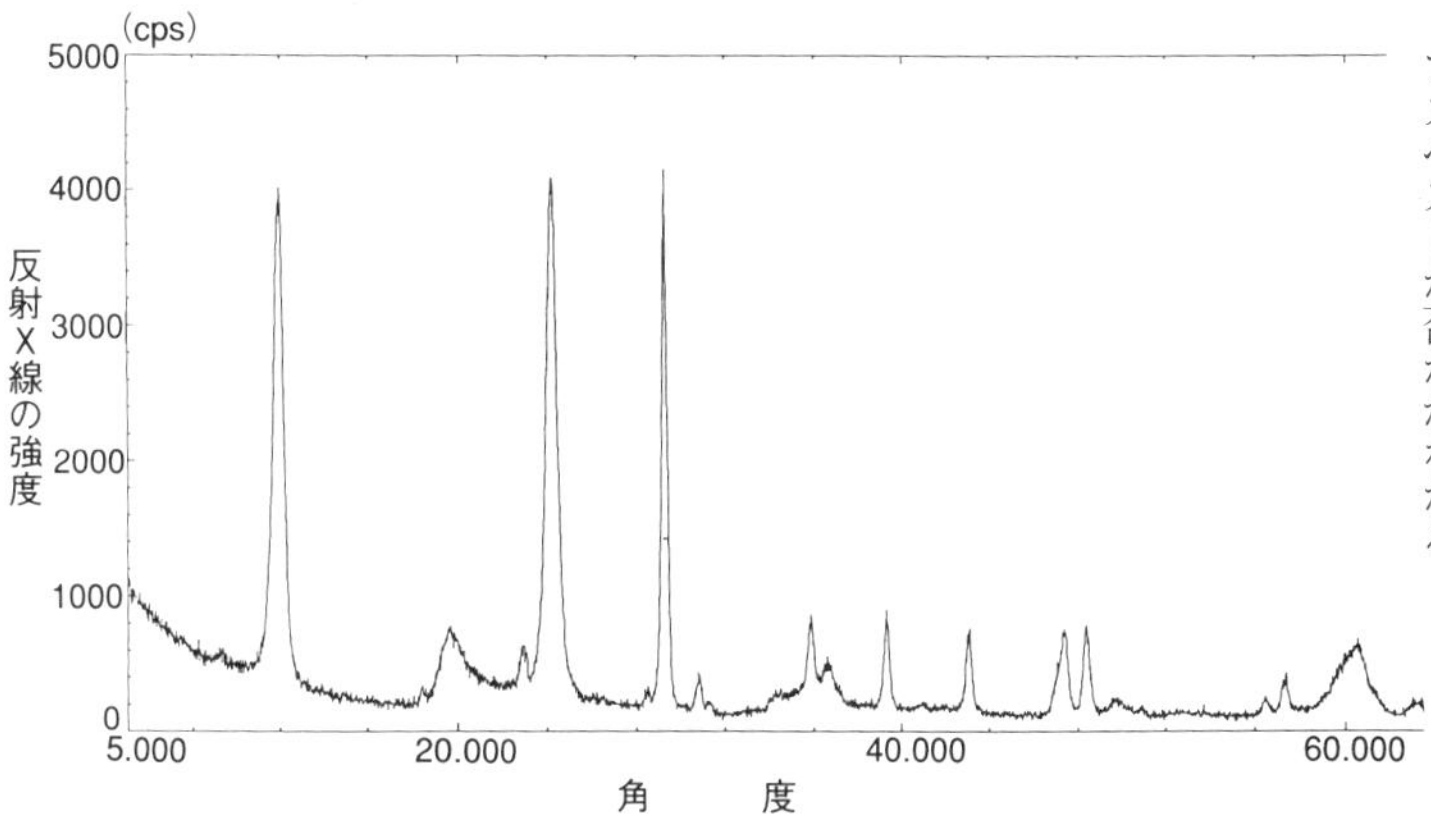

X線回折図

反射X線がピークになる角度から、アスベストか否かがわかる。

にわかります。アスベスト繊維だけを測定するわけではありませんが、使い方次第ではアスベスト工事中の濃度管理などに活用できます。

X線回折も、空気中のアスベスト濃度測定も、特殊な機器が必要なので、普通は測定機関に依頼することになります。費用は一サンプル二〜三万円くらいです。一五八頁に測定機関の一覧表があります。

Q9 肺がんがふえているのは、アスベストが原因なのですか?

日本人男性の死亡原因のトップは肺がんといわれています。発がん性があるといわれるアスベストと関係があるのでしょうか。

日本では長年にわたって胃がんががん死亡原因の第一位を占めてきました。一年間に胃がんで亡くなる男性は約三万人で横ばいなのに対し、近年肺がんで亡くなる方が急増し、ついに一九九三年、肺がんが男性のがん死のトップになりました。女性についても、肺がんで亡くなる方が急増しています。

肺がんの原因というと、まずたばこを思い浮べます。しかし、アスベストも肺がんを引き起こすことは間違いありません。肺に吸い込まれたアスベスト繊維の多くは、肺などの臓器《ぞうき》にささり、ため込まれ、二〇年から四〇年の潜伏期間ののちに肺がんを生じさせる可能性があります。肺がんになる確率は吸い込んだアスベスト繊維の量に比例すると考えられているので、まず問題になるのは、アスベスト製品製造労働者のほか、造船労働者、保温工、ボイラーマン、建設・解体労働者など、職業的にかなりのアスベスト繊維を吸い込む可能性のある人たちです。

神奈川県横須賀市には第二次世界大戦前から大規模な造船所があります。横須賀病

肺がん、胃がんによる死亡数の変化

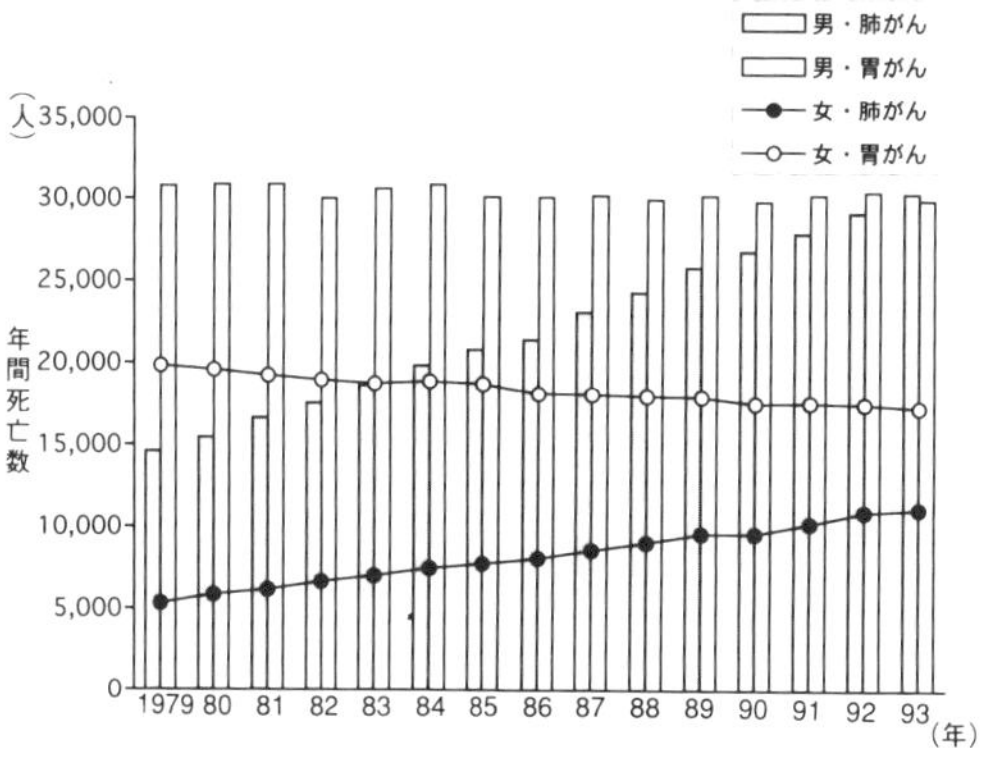

院で亡くなった肺がん患者八三人のうち一九人（二三％）の肺から、大量のアスベストが検出されています。

たばことアスベストの発がん性には相乗作用があります（→Q2）。たばこを吸う人がアスベスト繊維を吸い込むと、五倍も肺がんにかかりやすくなります。アスベストの使用量が一九五〇年代から急増していること、アスベストによる肺がんの潜伏期間が二〇年から四〇年であることもあわせて考えると、アスベストが肺がん急増の一因であることは、間違いないと思われます。

アスベストは労働者の問題として取り上げられてきましたが、一般環境のなかのアスベストも問題です。阪神・淡路大震災の被災地では、倒壊したビルの解体作業によるアスベスト汚染が大きくクローズアップされています。発がん物質などの外からの刺激に対しては、子どもなどの若い細胞ほど鋭敏に反応するといわれているので、一般環境中におけるアスベスト濃度は多少を問わず問題だといわなくてはなりません。

横須賀の肺がん死亡者にアスベストを吸い込んだ人が多い

相乗作用

一般環境のアスベスト

Q10 悪性中皮腫って、どういう病気ですか？

アスベストによる健康障害のなかで悪性中皮腫という言葉を聞きますが、これはがんなのですか。がんだとすれば肺がんとどうちがうのでしょうか。

肺がんと同様、悪性中皮腫もがんの一種です。肺がんは気管支や細気管支・肺胞域《はいほういき》（酸素と炭酸ガスのガス交換を行なうところ）にできるがんですが、悪性中皮腫は、肺の周囲を覆っているごく薄い胸膜（昔は肋膜と言いました）や、小腸や大腸のまわりを覆っている腹膜、あるいは心臓のまわりの心膜にできるがんです。非常に進行が早く、診断されてから一年以内に亡くなる場合がほとんどです。例えば胸膜の悪性中皮腫の場合、胸膜が異常に厚くなり、肺を圧迫して死に至ります。肺がんなどとちがって、手術によって治ったという例はないと言ってよく、今のところ有効な治療法は知られていません。

はじめに風邪のような症状があって、咳や痰《たん》が出るようになります。進行すると胸水がたまり、胸の痛みと息切れがあり、中皮腫だけに特有の症状はないと言われています。腹膜中皮腫の場合は、腹水がたまり、腹部膨満感《ぼうまんかん》や腹痛などの腹部の症状がでてきます。心膜中皮腫もありますが、最も多いのは胸膜中皮腫です。

悪性中皮腫は百万人に一人と言われるほど、まれな病気と考えられてきました。一九六〇年に南アフリカ共和国のアスベスト鉱山労働者と近隣住民に大量発生していることが報告され、アスベストとの関係が明らかになりました。

悪性中皮腫の原因として知られているのは、アスベストとエリオナイトだけです。エリオナイトはトルコのカッパドキア地方の凝灰石《ぎょうかいせき》に含まれる天然の鉱物繊維です。この地方ではエリオナイトを含む凝灰石を壁材に使っていたため、住民に高頻度《こうひんど》で悪性中皮腫が発生しました。肺がんとちがって、悪性中皮腫の場合はたばことの相乗効果もなく、日本で悪性中皮腫と言えば、アスベストが原因と考えてまず間違いありません。

このようにアスベストとの関係が明らかなので、ごく小量のアスベストを吸い込んでも発病する可能性があることがわかっています。アスベスト製品製造工場で働いていた夫の着衣を洗濯した妻や、子ども時代にアスベスト・スレート製の物置の屋根を掃除した姉妹が悪性中皮腫になった例が知られています。

肺がんと同様、アスベスト繊維を吸い込んでから長い潜伏期間ののち発病します。本人がアスベストを扱ったことを知らなかったり、忘れていることも少なくありません。まれな病気と考えられていたため、よく知らない医者も多いのです。胸部レントゲン写真で結核性胸膜炎《けっかくせいきょうまくえん》のように胸膜の間に水がたまったりした場合、結核性の胸膜炎か、アスベストによる胸膜炎か、中皮腫か、つまりアスベストのばく露などを考慮した診断が必要とされます。

イギリスのアスベスト使用量は一九九三年に一万トンまで減少していますが、中皮腫による死亡者は増え続け、一九九一年に一〇〇〇人を越しています。

日本では、アスベスト輸入は一九八八年以来減少し続けていますが、まだ約二〇万トンの輸入があり、悪性中皮腫による死亡者は一〇年間で三・八倍に増加しています。

イギリスのアスベスト輸入量と中皮腫死亡者数

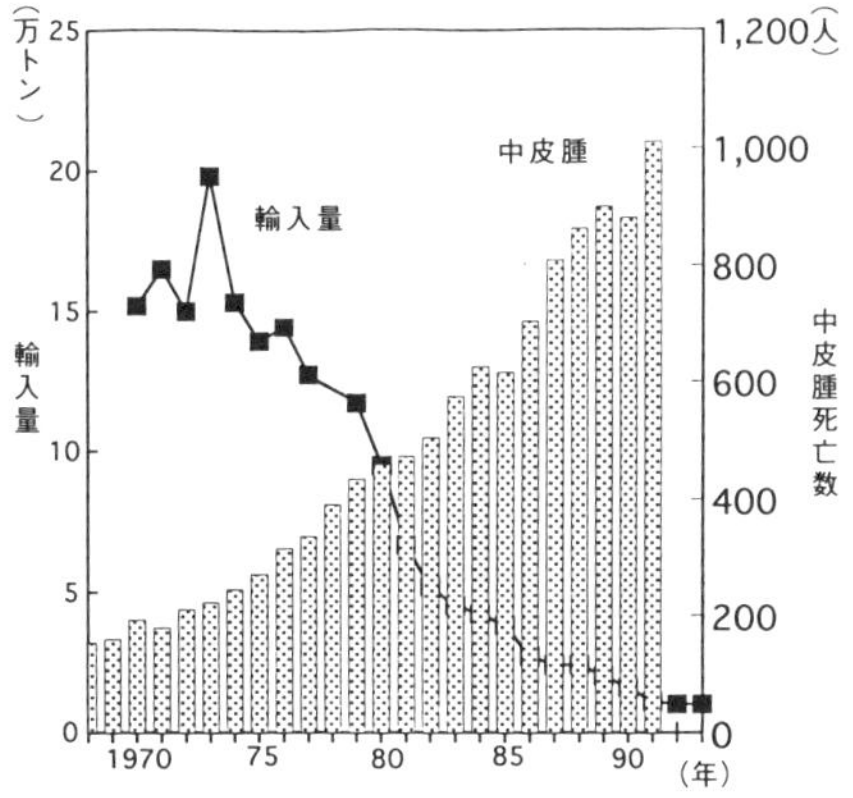

日本の悪性胸膜中皮腫死亡者数

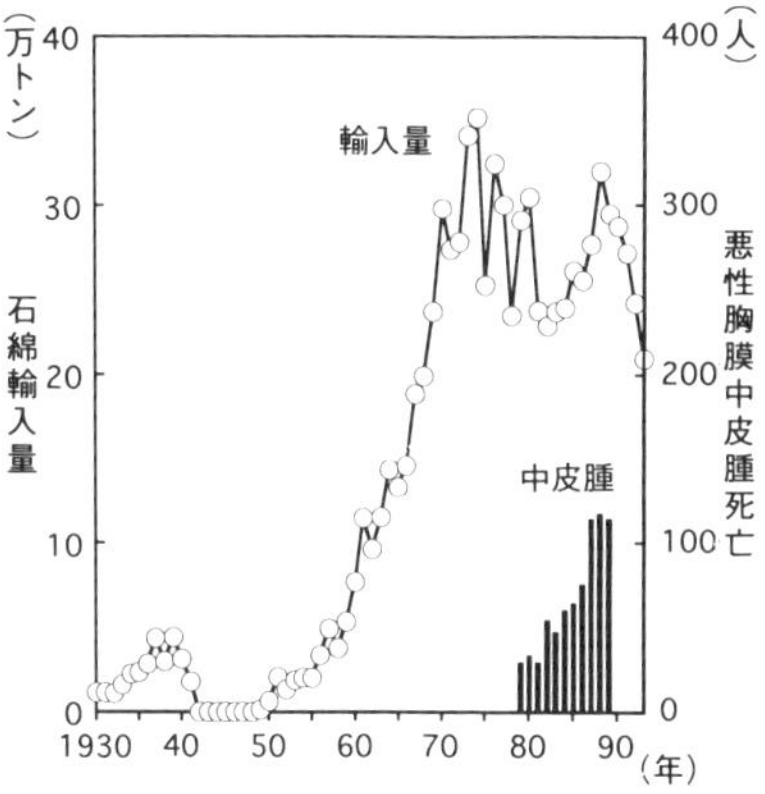

Q11 アスベスト肺だと、どういう症状になるのですか？

アスベスト肺とじん肺とは同じものでしょうか。ちがうとすればどのような症状がみられるのですか。アスベストを扱わない人でも、なるのですか。

粉じんを吸い込むことによっておこる肺の線維化、増殖性《ぞうしょくせい》変化を主体とする病気、ひらたく言えば肺が弾力性を失って硬くなる病気が「じん肺」といわれるものですが、アスベスト肺も進行性のじん肺の一種です。

アスベスト繊維を吸い込むと肺に入り、細い気管支や肺胞を刺激し、炎症を起こします。この炎症や線維化は、アスベストを扱う職業から離れてアスベストを吸い込むことをやめても、進行し続けます。肺は広い範囲にわたり線維化し、弾力性をなくして肺機能が低下していきます。

じん肺の初期は、ほとんど自覚症状がなく、アスベスト肺もその例外ではありません。しかしだんだん進行してくると、風邪をひいても咳や痰がなかなかなくならず、咳や痰は慢性化し、すこしきつい仕事をした時や坂道を登るときなどに息切れするようになり、ついには高度な呼吸困難になったり、心臓が弱ったり（肺性心《はいせいしん》という）するようになります。

もう少し説明すると、肺は空気中の酸素を血液中に取り入れ、身体の中で作られた炭酸ガスを体外に出す働きをしていますが、アスベストを吸い込んだことにより慢性の気管支炎を起こし、さらに肺胞の壁が厚くなり、酸素と炭酸ガスの入れ換えができなくなってくるのです。さらには、呼吸困難と酸欠状態が続くと、心臓に負担がかかり心不全がおこります。このような症状は、徐々に起こってくるのです。アスベスト肺の治療法も、今のところはわかっていません。

アスベスト肺の被害は、長期間、高濃度のアスベストを吸い続けた労働者に集中しています。横須賀にある住友重機械工業の造船労働者や、厚木のパッキン・ジョイント製品等アスベストメーカーの退職労働者などが、労災認定の訴訟に取り組んでいます。

Q12 アスベストを吸い込むと、必ずがんになるのですか。

アスベストは発がん物質で、安全な濃度はないと聞いています。アスベストを吸い込むと必ずがんになるのですか。何本吸い込むとがんになるのでしょうか。

アスベスト繊維を吸い込んでもがんにならない「安全な濃度」はないと考えられていますが、一本でも吸い込んだら必ずがんになるというものではありません。現在では、日本に住んでいる人はほとんどアスベスト繊維を吸い込んでいますが、皆ががんになるわけではありません。

アスベスト繊維を吸い込んだ場合の発病率については、アスベスト製品製造労働者などのデータがあります。アスベスト肺に関しては、ある程度吸い込んでも発病しない安全な濃度があると考えられています。しかし肺がん、悪性中皮腫などのがんについては、吸い込んだアスベスト繊維の量に比例して発がんする可能性が大きくなると考えられています。小量のアスベスト繊維を吸い込んだ場合の発がん率は実測できないので、大量のアスベスト繊維を吸い込んだ場合のデータをもとに推定しています。さまざまな機関の推定を比較検討した研究をもとに計算すると、例えば一リットル中にアスベスト繊維（白石綿繊維と他のアスベスト繊維の混合）が一本含まれている空気を一〇万人が五〇年間呼吸した場合、一三人から一三〇人が肺がんあるいは悪性中皮腫で死亡すると推定されます。これは、日本の人口一億二千万人のうち、一万五六〇〇人から一五万六〇〇〇人がアスベストによる肺がんあるいは悪性中皮腫で死亡するという計算になります。

アスベスト繊維１本／ℓの空気を50年間呼吸した時の生涯発がん率（対10万人）

報　　告	肺がん	中皮腫	合計
EPA（米国環境保護庁）	10	40	51
CPSC（米国消費者製品安全委員会）	2～19	11～111	13～130
NRC（米国がん研究所）	18	69	88
ORC（カナダ王立オンタリオ委員会）	17	55	87
HSE（イギリス健康安全委員会）*	17	<6.9	<23

アスベスト繊維は白石綿と他のアスベスト繊維の混合　＊白石綿のみ
出典）Non-occupatinal Exposure to Mineral Fibres, p.471 (1989)

Q13 アスベストによる病気で何人くらい死んでいるのですか。

アスベストは有害だそうですが、被害者は何人くらいいるのでしょうか。日本でのアスベスト被害の具体的な例も教えてください。

日本でのアスベスト被害状況は、ほんの一部しかわかっていません。

最初にアスベスト被害が出たのは、アスベスト製品を製造していた労働者です。第二次大戦前から、泉南郡を中心とする大阪府下とその近郊には、アスベスト紡織などの工場が集中していました。ものすごいアスベスト粉じんの中で、二千人以上のアスベスト労働者がマスクもしないで働いていたのです。一九四〇年までに一四工場六五〇人のアスベスト紡織労働者を調査した結果、八〇人（一二％）がアスベスト肺の疑いあるいはアスベスト肺と診断されています。勤続三年で異常が出はじめ、勤続二〇年以上の人は全員アスベスト肺でした。

戦後になっても状況は改善されませんでした。一九五六年から五七年の調査で、大阪府下のアスベスト工場労働者三三〇人のうち九〇人（二七％）、奈良県王寺町のアスベスト工場でも二二九人中六九人（三〇％）がアスベスト肺の疑いあるいはアスベスト肺と診断されています。東京のアスベスト工場でも、アスベスト肺の検出率は一

勤続年数と罹患《りかん》率

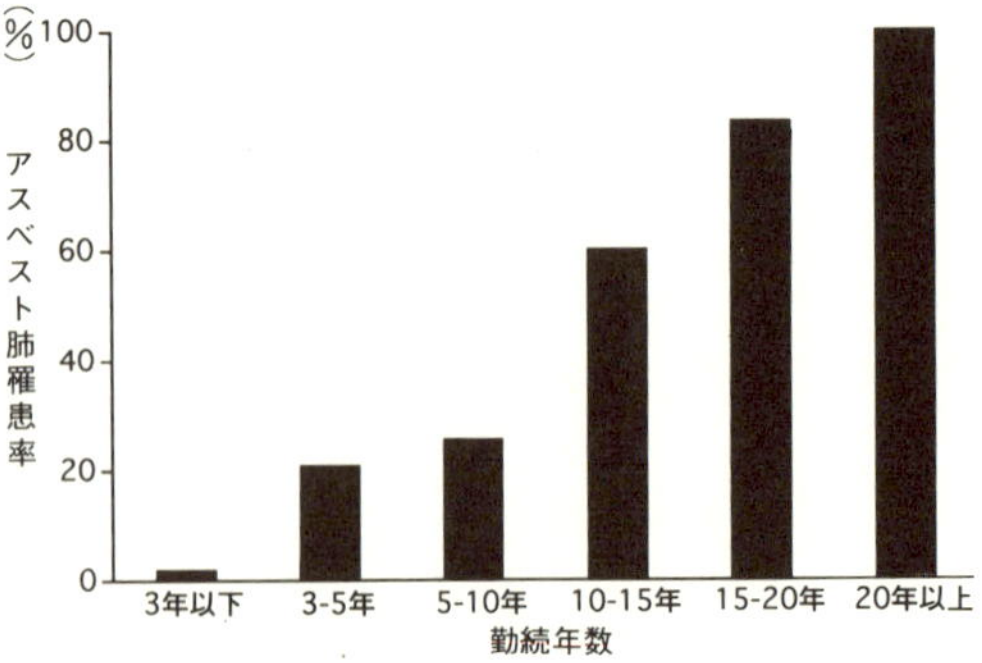

出典）「日本の石綿灰研究の動向」（1980年）

〇～二〇％におよんでいました。

　北海道富良野市山部には㈱ノザワのアスベスト鉱山と付属工場があります。一九五六年にはまだ白石綿の採掘が行われていました。アスベストにさらされた労働者一六一名のうち、五四名（三四％）にアスベスト肺の所見《しょけん》がありました。

　アスベスト労働者の惨状が明らかになったため、ようやく一九六〇年にじん肺法が制定され、健康管理が義務づけられました。

　奈良県王寺町のアスベスト工場では、一九六〇年以降多額の費用をかけて除じん装置を導入し、アスベスト濃度を激減させた結果、アスベスト肺の患者が大幅に減少しました。しかし大阪府泉南地区のアスベスト工場は小零細業者が多いため、じん肺法ができても改善が進みませんでした。一九五六年から七一年三月までに大阪だけで四五名が重症アスベスト肺（管理四）として労災認定されています。労働省が一九七〇～七一年に調査したところ、約三〇％の工場が除じん装置を設置しておらず、一八％の工場には防じんマスクもないという状態でした。

　エタニットパイプ社は、埼玉県大宮、香川県高松、佐賀県鳥栖の工場で、アスベストセメント管を製造していました。麻袋に入ったアスベストの運搬、解綿《かいめん》、搬送、貯蔵、計量、セメント等との混合、パイプの仕上げなどの工程で、大量のアスベスト粉じんがたちこめていました。アスベスト肺だけでなく、肺がん、悪性中皮腫も含めて二〇名以上もの労働者が労災認定を受けています。高松工場では、定年退職（満期）

になるとコロッと死んでしまうという意味で「まんころ」という言葉が日常的に使われていたそうです。

アスベストの被害は、こうしたアスベスト製品製造労働者だけの問題ではありません。アスベストを運搬したり、アスベスト製品を取扱う労働者にもアスベスト被害が続出しています。輸入されたアスベストの荷揚げ作業に従事して肺がんになった横浜港の労働者が、一九九六年一月、労災認定されています。働いていたアスベスト保管倉庫では粉じんが舞っていたそうです。

造船労働者にも多数のアスベスト被害者がいます。船舶には防火・断熱用に大量のアスベストが使われてきました。狭い船内で同時にいろいろな工事を行なうので、アスベストを直接扱わない労働者もアスベストを吸い込み、被害が広がりました。横須賀市内の住友重機械浦賀造船所の労働者たちは、アスベスト肺あるいは肺がんに対する補償を求めて提訴しています。

大工さんやビル解体業の方も、アスベスト被害の多い職種です。すでにアスベスト肺、肺がん、悪性中皮腫で労災認定を受ける例が続出しています。現在、アスベストの約九割が建材に使われており、今後さらに被害が拡大するおそれがあります。

以上の例だけでも、アスベスト肺の患者さんは膨大な数にのぼりますが、きちんとした統計はないようです。厚生省の人口動態《どうたい》統計ではようやく一九六八年からアスベスト肺の項目が設けられ、九三年までの二六年間に二五三人がアスベスト肺で死亡したとされています。これは死亡診断書に書かれている直接的な死因をもとにした統計なので、この間になくなったアスベスト肺の患者さんはもっと多いでしょう。

アスベスト肺以上に問題になってきているのが、肺がん、悪性中皮腫など、アスベストによるがんです。アスベストの発がん性が認知され、労働者の発がん予防対策が法律で規定されたのは、一九七一年のことです。胸膜の悪性中皮腫だけで毎年一〇〇人以上が亡くなっています。しかもその数は、一〇年間に三・八倍に増加していますー(→Q10)。日本の悪性中皮腫の原因は、アスベスト以外には知られていません(→Q10)。

肺がんの場合は、たばこなどによるものか、アスベストによるものか区別するのは困難です。しかし肺がんは近年急激にふえています。一九九三年には肺がんが男性のがん死亡率のトップになっています。アスベストと無関係とは言い切れません(→Q9)。

一九九四年度までにアスベストによる肺がんあるいは中皮腫で労災認定された労働者は合計二一〇名です。胸膜の悪性中皮腫で毎年一〇〇人以上亡くなっている方の大部分は労災によるものと思われますが、悪性中皮腫の労災認定は年間一〇件程度です。日本では医者も労働者もアスベストに関する認識が低いので、悪性中皮腫で亡くなっても、労災申請しない場合が多いのでしょう。

日本より早くからアスベストを大量に使用してきた欧米諸国では、すでに膨大な数の犠牲者が出ています（→Q５）。

ニコルソン博士らは、一九四〇年から一九七九年までに米国で二七五〇万人の労働者が仕事で大量のアスベストにさらされ、一九八二年にはアスベストによるがんだけで年間約八二〇〇人が死亡すると推定しています。マンビル社などアスベスト企業に対する損害賠償請求が殺到し、再保険を請け負っているロイズが経営危機におちいっています。

イギリスでは、アスベスト使用量が激減したあとでも中皮腫による死亡者がふえ続け、一九九一年にはついに年間一〇〇〇人を突破しました。イギリスがん研究所のピート教授の分析によると、中皮腫死亡者は二〇二〇年頃までふえ続け、ピーク時には年間三〇〇〇人に達するということです。一九三八年から五三年に生まれた男性の一％以上が、アスベストが原因で死亡すると予測されています。

フランスでも、年間の中皮腫死亡者は一〇〇〇人を超え、二〇二〇年頃には三倍に達すると予測されています。フランスの研究者は、肺がんによる死亡者を中皮腫死亡者の二倍と推測し、二〇二〇年頃には年間約一万人がアスベストによる病気で死亡すると推定しています。

イギリスの人口は日本の約六割です。今のうちに手を打たないと、日本でも年間一〇〇〇人以上が中皮腫で死ぬ時代がやってくるかも知れません。

イギリス男性の中皮腫による生涯死亡率予測
（図中のバーは九五％信頼範囲）

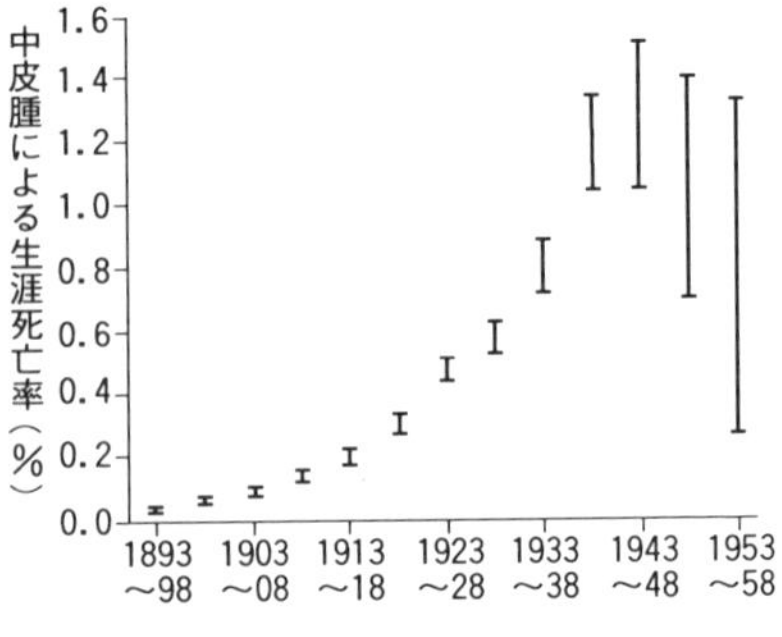

出典）The Lancet 345, 535 (1995)

Q14 木造住宅にもアスベストが使われているのでしょうか。

アスベストと聞くと学校の吹き付けアスベストを思い浮かべます。私の家は木造ですが、アスベストが使われている可能性はありますか。

木造住宅でアスベストが使われている可能性が高いのは、屋根瓦です。古くから使われてきた和風瓦は粘土を焼いたもので、アスベストは使われていません。しかし最近の一戸建て住宅の屋根には、コロニアルあるいはカラーベスト（クボタ）、フルベスト（松下電工）などの商品名（↓Q28）の付いた薄い平板状の瓦が使われる例が急増しています。

この薄い平板瓦の大部分は、アスベストをセメントで固め、表面を着色層で覆ったもので、JIS（日本工業規格）では「住宅屋根用化粧石綿スレート」と呼ばれています。重量の一〇〜一五%はアスベストです。

平均的な一戸建て住宅の屋根を化粧石綿スレートで葺《ふ》くと約一〇〇〇枚。重量が約三トンですから、アスベスト含有率を一五%とすると、屋根の上に約四五〇キログラムのアスベストが乗っていることになります。

化粧石綿スレートはアスベストをセメントで固めてありますから、そのままの状態

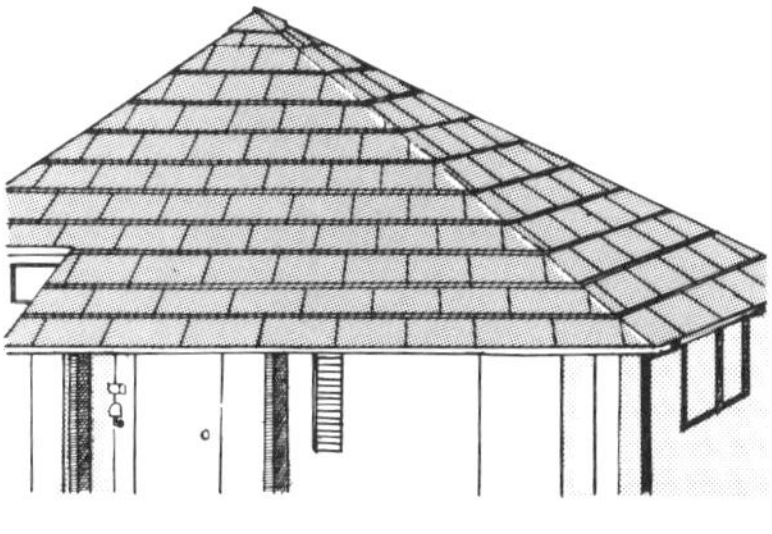

住宅屋根用化粧石綿スレート

ではアスベストが飛散することはありません。しかし、切ったり割ったりすれば、アスベストが飛散します。屋根を葺くときにも、化粧石綿スレートを切ったり、釘で打ちつけたりしますから、アスベストが飛散します。梱包《こんぽう》の注意書きには、

多量に粉塵を吸入すると、健康をそこなうおそれがありますから、下記の注意事項を守ってください。

1　粉塵が発散する屋内の取り扱い場所に、局所排気装置を設けてください。

2　取り扱い時は、必要に応じて防塵マスクを着用してください。

などと書かれています。

化粧石綿スレートは風雨にさらされている間に表面の着色層がはがれ、劣化《れっか》してアスベストが飛散します。関東あたりでは新築後一〇年位でかなり劣化するようです。最近は日本でも酸性雨が多くなっていますが、酸性雨はセメントをとかすので、化粧石綿スレートの劣化を早めます。

木造住宅でよく使われるもう一つのアスベスト建材が、サイディング材と呼ばれる外壁材です。二〇年ぐらい前までは防火構造の木造住宅の外壁はモルタル吹き付けが主流でした。しかし最近は工期短縮・コスト削減の意味からも、モルタル吹き付けのかわりにサイディング材を張りつける場合が多くなっています。

サイディング材には、木材系のもの、ウレタンを金属板ではさんだ金属系のものも

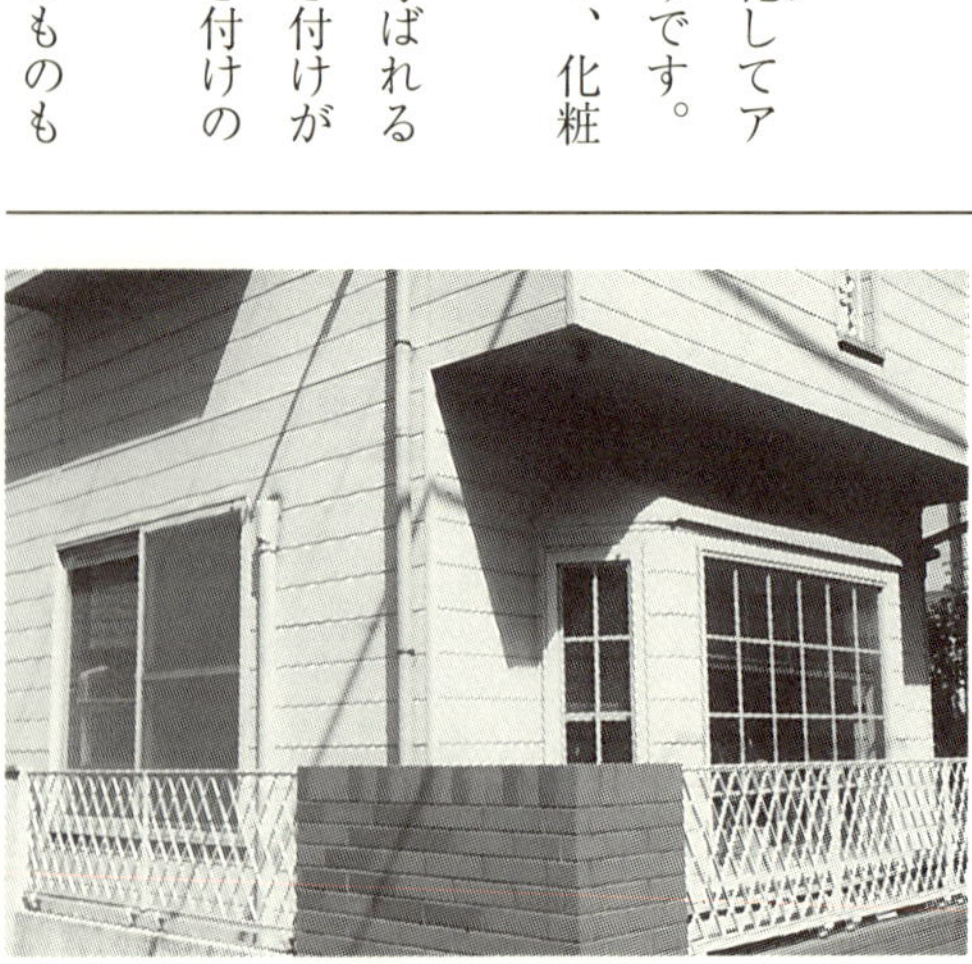

サイディング材

ありますが、最も多いのは窯業《ようぎょう》系のものです。窯業系サイディング材にはアスベストが多用されてきました。しかし最近ではアスベストを使わない窯業系サイディング材がふえています（↓一五一頁）。

Q15 マンション、事務所ビルや工場にも使われていますか？

阪神・淡路大震災でこわれたビルやマンションの解体工事でアスベストが飛散したと聞きました。アパートや工場にもアスベストが使われているのでしょうか。

マンション、事務所ビルなど非木造建物の骨格は、鉄骨あるいは鉄筋コンクリートでできています。鉄骨は、火事になった時に熱でグニャリと曲ってしまい、人が避難できなくなるおそれがあります。これを防ぐため、鉄骨には耐火被覆《たいかひふく》が義務づけられています。この耐火被覆材にアスベストが使われてきました。

鉄骨の耐火被覆はアスベストをセメントとまぜて吹き付けるのが一般的でした。これが吹き付けアスベストです。アスベストを吹き付ける作業では大量のアスベストが飛び散るので、一九七五年にアスベスト吹き付けは原則的に禁止されました。アスベストのかわりに、ロックウール（岩綿）と呼ばれる人造繊維が吹き付けられるようになりました。ただし、ロックウールに小量（五％以下）のアスベストをまぜている場合があります。アスベスト吹き付けも完全に禁止されているわけではないので、今でも行なわれているという話もあります。太い鉄骨の場合には、アスベストを吹き付けずに、耐火被覆板を鉄骨の周囲に張り付けることもあります。この耐火被覆板には、

吹き付けアスベスト

ロックウール吹き付け

耐火被覆板

けい酸カルシウム板（けいカル板）が使われることが多いようです。けいカル板にもアスベストが使われていましたが、一九九三年にアスベストを使わないノンアスベスト製品に切り替えられました。

鉄筋コンクリートの建物にも、アスベストが吹き付けられています。マンションや事務所ビルでは、防音などの目的で駐車場、電気室、機械室、ボイラー室などの天井や壁、エレベーターシャフト（エレベーターが通過する空洞部《くうどうぶ》）内部などに吹き付けられる場合が多いようです。

アパート、マンション、事務所ビルや工場などでは、アスベスト含有建材も多用されています。こうした建物では室内や廊下の床にピータイル、ビニアスタイルなどと呼ばれる三〇センチ四方ぐらいの四角い薄いタイルを敷きつめてあるのがよく見られます。年月が経つとはがれて割れてくる、あの床タイルです。このピータイルには一九八六年までアスベストが使われていました。現在製造されているピータイルはアスベストを含まないとされていますが、一九八六年以前に製造されたピータイルは、アスベストを含んでいると考えてまず間違いありません。

床材のクッションタイルの裏打ちにはアスベスト紙が使われていました。

廊下やトイレの天井、工場・倉庫などの屋根や外壁には、石綿スレートが使われます。石綿スレートはアスベストをセメントで固めたもので、アスベスト含有率は一〇～三〇％にもおよびます。屋根材には波形スレート、室内では平板スレートが使われ

けい酸カルシウム板（けいカル板）

ピータイル、ビニアスタイル

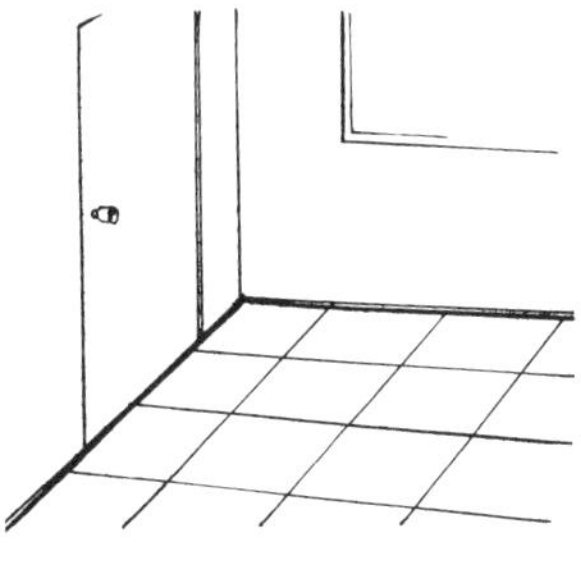

石綿スレート

ています。屋根材として使われた石綿スレートは酸性雨や紫外線などの影響で劣化しやすく、アスベスト飛散が問題になっています。（→Q17）。

また室内の間仕切り壁などには、石綿スレート、けいカル板、押し出し成形板など、さまざまなアスベスト含有建材が使われてきました（押し出し成形板は現在ではノンアスベスト製品が多くなっています）。ロックウール吸音板は天井板としてよく使われますが、大建工業㈱のダイロートン、日東紡績㈱のソーラトン、松下電工㈱のロックウール吸音板にアスベストが使われていました。内壁によく使われる石こうボードはアスベストを含まないと言われていますが、表面や裏面の紙にアスベスト紙を用いた石こうボードも製造されていました。スラグ石こうボードにはアスベストが使われています。アスベスト含有の壁紙も使用されていました。

空調ダクトや、配管の保温材も要注意です。空調ダクトの継目のパッキンやたわみ継手（→Q32）にアスベストが使われてきました。配管の保温材には獣毛やグラスウールのほか、石綿保温材、アスベスト含有のけいそう土保温材やパーライト保温材が使われました。配管の曲げ（エルボ）部分だけ、アスベスト含有保温材が使われている場合もあります。煙突には、石綿セメント円筒が使われている場合があります。煙突の内側にアスベストをライニングしてある場合もあります。アスベストは、いたる所で使われてきたのです。

押し出し成形板

ロックウール吸音板

石こうボード

空調ダクト

保温材

アスベストはビルのどこに使われているか

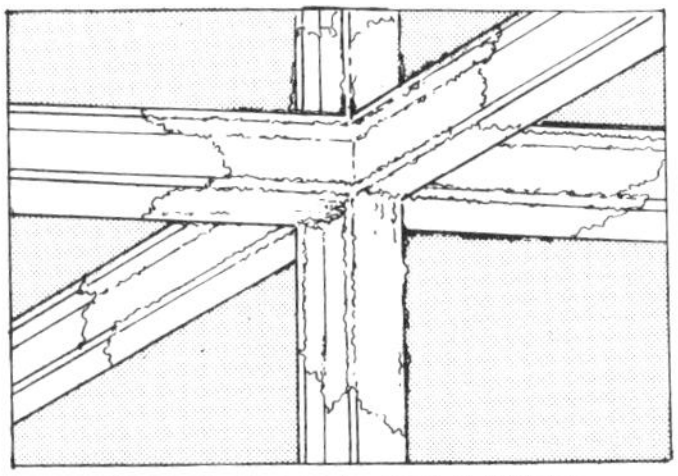

鉄骨吹き付け（耐火被覆）

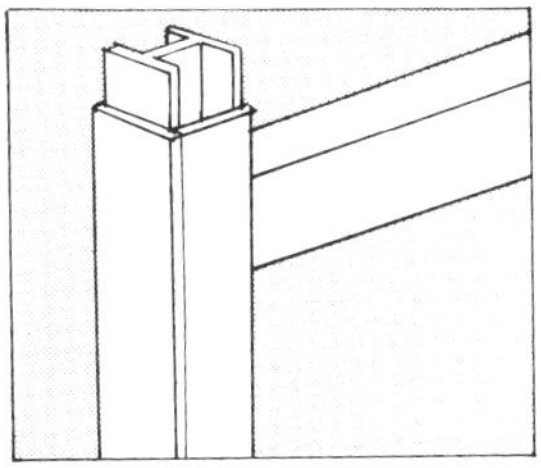

鉄骨の耐火被覆板

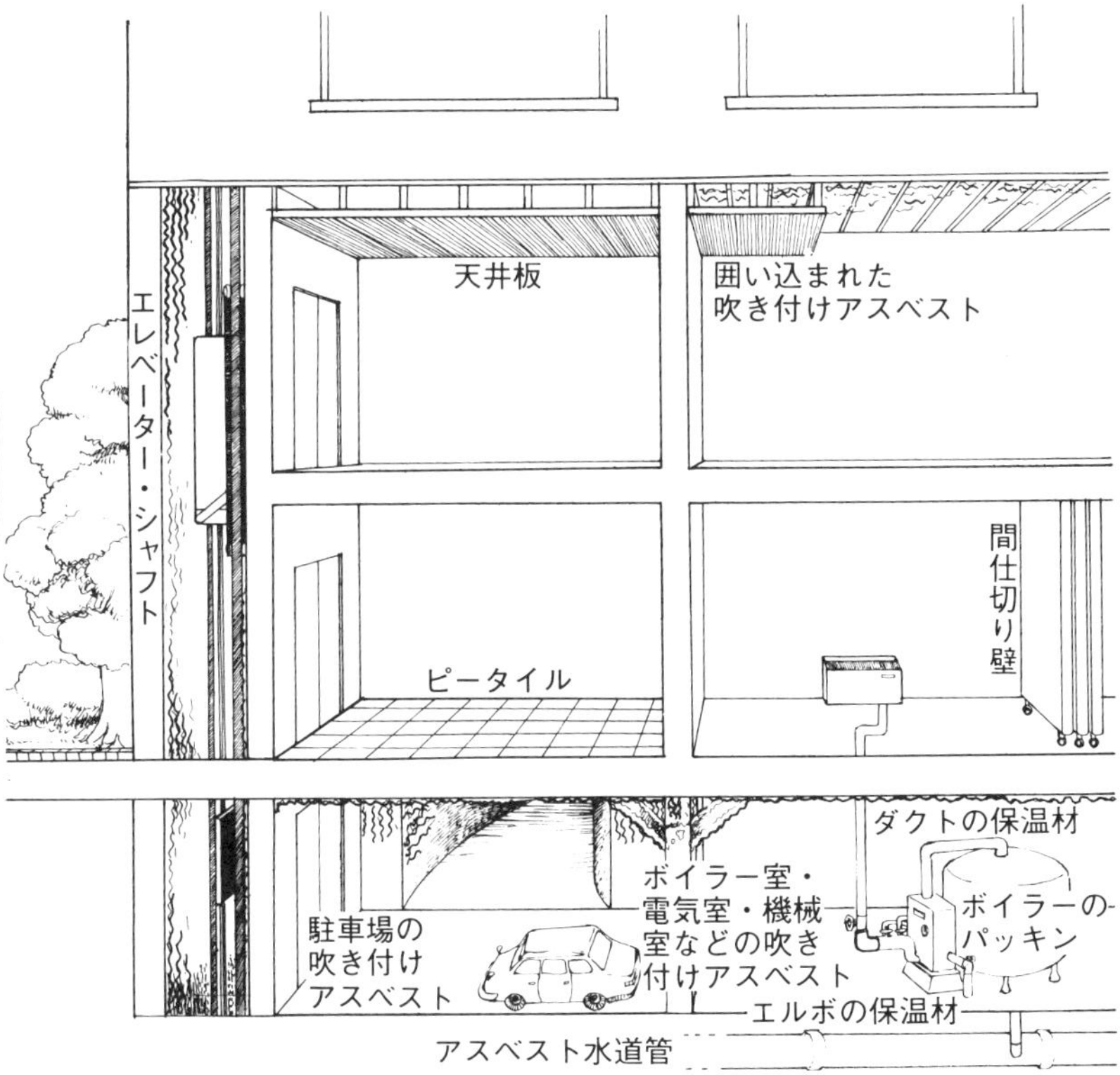

Q16 学校など公共施設にアスベストはあるのですか？

だいぶ前に学校の吹き付けアスベストが問題になりましたが、もう全部撤去されたのでしょうか。子どもが小学生なので心配です。

一九八七年、小中学校などの吹き付けアスベストが社会問題化しました。文部省はさっそく吹き付けアスベストの調査を指示し、対策に乗り出しました。現在では、小中学校の吹き付けアスベスト対策はほぼ完了したと言われています。しかし実際には吹き付けアスベストが残っている小中学校がたくさんあります。

その原因の第一は、吹き付けアスベストの調査がズサンだったからです。アスベストを含有する吹き付け材の商品名は少なくとも三八あります。しかし調査にあたって文部省がリストアップした商品名はたった三つだけでした。三八のうち一五はわざわざ「吹き付け石綿でないので注意すること」とされていました。文部省調査の対象になったのは教室だけで、給食室、廊下などは調査対象外でした。そのため、調査が終ってから吹き付けアスベストが「発見」される例が各地で相次ぎました。

第二の原因は、吹き付けアスベストの約二割は除去しないで、「封じ込め」あるいは「囲い込み」で済ませたことです。「封じ込め」は薬剤でアスベストを固める工法

文部省の吹き付けアスベスト調査

文部省は一九七六年以前に建てられた学校を調査し、一九八七年十一月九日、公立小中高校の三％にあたる一三三七校の教室、体育館、寄宿舎、六一国立大学、三六高専にアスベストが吹き付けられていると発表しました。

です。「囲い込み」は、アスベストを吹き付けた天井などを天井板で見えなくします（→Q26）。どちらの場合も、吹き付けアスベストは残ったままです。

大学の場合はもっと深刻です。理科系の実験室などにアスベストが吹き付けられていることが多いのですが、対策があまり進んでいません。例えば東京大学には吹き付けアスベストが四万平方メートル以上もありましたが、一九九五年度末までに除去、封じ込め、あるいは囲い込みの対策がとられたのはほぼ半分、約二万平方メートルだけです。

小中学校のアスベスト対策と平行して、各地方自治体の建物の吹き付けアスベストも対策がとられました。しかしその進行状況ははっきりしていません。東京都は他にさきがけて「アスベスト対策大綱《たいさくたいこう》」を打ち出した先進的自治体ですが、その東京都の施設でさえ、吹き付けアスベストの一七%が未処理のまま放置されています（一九九四年度末現在）。築地にある東京都中央卸売市場では一九八八年の調査自体がズサンで、六カ所の吹き付けアスベストが新たに「発見」されています。

東京都の外郭《がいかく》団体の施設ではもっとひどい状態で、調査もろくにされていませんでした。世田谷区駒沢のオリンピック記念公園、晴海の国際見本市会場など、おおぜいの市民が利用する施設でも、つい最近まで吹き付けアスベストが放置されていました。

学校にしても公共施設にしても、対策がとられているのは吹き付けアスベストだけです。大量に使われているアスベスト含有建材は、未処理のまま放置されています。

都立施設の吹きつけアスベスト処理状況
（東京都環境保全局調べ）

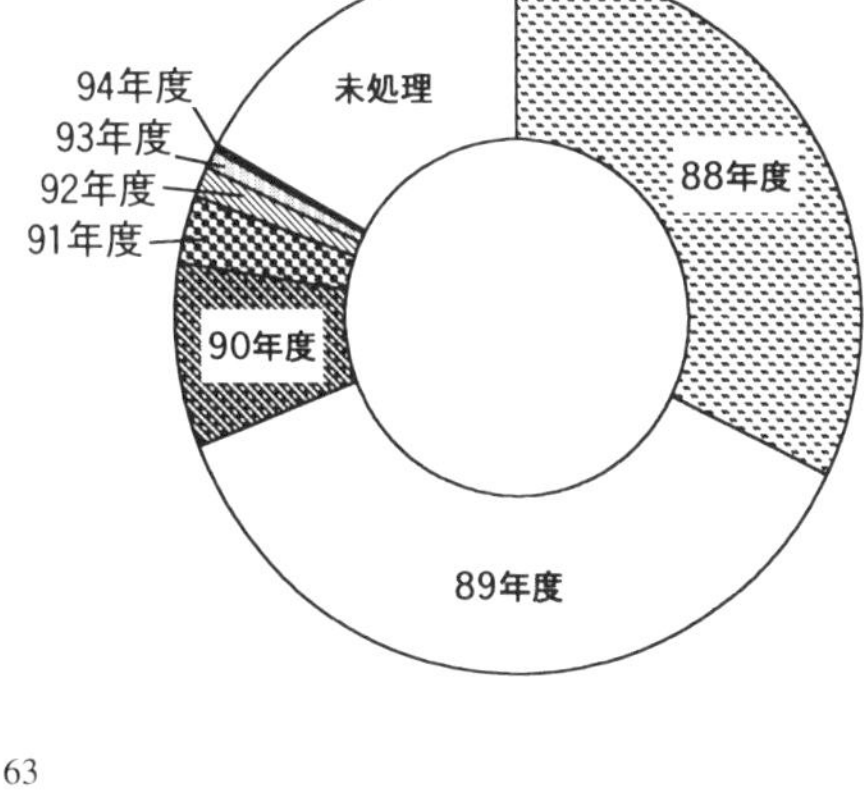

Q17 駅にアスベストがたくさん使われているというのは本当ですか？

アスベストにくわしい人から、プラットホームの屋根に石綿スレートが使われていると聞きました。アスベストが飛散することはないのでしょうか。

電車や汽車のプラットホームの屋根は、木製、金属製のものもありますが、波形石綿スレート製のもの（→Q3）が圧倒的に多いのは事実です。石綿スレートはアスベストをセメントで固めたもので、アスベスト含有率は一〇〜三〇％と高率です。

ドイツでは石綿スレートの劣化についてくわしく研究されています。その結果、

・酸性雨や二酸化硫黄《にさんかいおう》の作用で表面が腐食して劣化し、アスベスト繊維がむき出しになる
・腐食の速度は雨の酸性度と大気汚染物質の濃度によって左右される
・壁材より屋根材の方が劣化が早い
・劣化した石綿スレート一平方メートルあたり一時間に一〇〇万本から一〇億本、平均五六〇〇万本のアスベスト繊維が飛散する
・飛散したアスベスト繊維は、原料のアスベスト繊維と同程度の発がん性を示すことがわかっています。

石綿スレートの劣化

石綿スレートの劣化は日本でも見られます。古い屋根材は表面がボロボロになり、手でさわっただけでアスベスト繊維が飛散します。酸性雨でセメントが溶け出し、スレート板が薄くなっています。ドイツの調査結果をそのまま日本に当てはめると、一枚の石綿スレートから一日に平均二七億本、年間約一兆本ものアスベスト繊維が飛散していると考えられます。

石綿スレートから飛散したアスベストによる被害も明らかになっています。オーストラリアの学校では屋根に石綿スレートが使われています。西オーストラリア州の学校の先生や卒業生に悪性中皮腫が多発し、大問題になっています。原因はアスベストしか考えられません。

プラットホームの屋根以外にもアスベストが使われています。渡り階段(こ線階段)の壁、トイレの天井などに平板石綿スレートがよく使われます。知ってか知らずにか、高校生などが渡り階段の石綿スレートを足で蹴破るのを見かけます。石綿スレートを割るとアスベストが飛散します。わざわざアスベスト繊維を吸い込んでいるようなものです。

渡り階段の壁の石綿スレート

Q18 ビル解体現場や新築現場ではアスベストが飛散しているのですか?

阪神・淡路大震災の被災地ではビル解体に伴ってアスベストが飛散していると報道されています。被災地以外でも同じなのでしょうか。新築現場はどうですか。

耐火性を高めるため、ビルにはアスベストがたくさん使われています(→Q15)。

東京都の調査によると、都内の民間ビルの二七%~四六%にアスベストが吹き付けられていました。ピータイル、石綿スレートなど、アスベスト含有建材は、ほとんどのビルに使われています。

ビルを解体する場合のアスベスト対策は労働安全衛生法で次のように規定されています。

・事前に、吹き付けアスベストだけでなく、すべてのアスベスト含有製品の使用状況を調査・記録する。

・吹き付けアスベストがある場合には、労働基準監督署(労基署)に届け出る。

・アスベストの飛散を防止しながらアスベストを除去する。

しかし実際には、アスベスト対策をしないまま解体してしまう場合が多いようです。阪神・淡路大震災の被災地では、アスベストを除去しないままビルを解体する例が

民間ビルの吹き付けアスベスト調査

①東京都衛生局調査　一九八七年十月、ビル衛生管理指導講習会会場で二二一五の特定建築物の所有者等にアンケート調査

一三三七ビルが回答(六〇・四%)

アスベスト吹き付けあり
……………三六一(二七・〇%)

アスベスト吹き付けなし
……………七六三(五七・一%)

不明
……………二一三(一五・九%)

②一九八八年三月　都・区・市調べ

一九八八年第三回都議会定例会での池田敦子都議会議員の文書質問に対する答弁書による(→六六頁表)。

被災地ビル解体の実態

相次いだため、三月末頃からビル解体費だけでなく、吹き付けアスベスト除去費も公費で負担するようになりました。しかしその後も、吹き付けアスベストを除去しないまま解体する例があとを断たないのが実情です。ゼネコンの現場責任者が吹き付けアスベストを見ても、アスベストと判別できないとさえ言われています。アスベストとわからなければ、そのまま解体してしまいます。震災前からアスベスト対策をしないまま解体するのが普通だったので、震災後に公費負担になってもなお、ズサンな解体工事をしているのです（→Q30）。

都内ビル解体の実態

これは被災地に限ったことではありません。都内で一年間に約四八〇〇棟の非木造建物が解体されました（一九九二年度）。都内の民間ビルの二七～四六％にアスベストが吹き付けられているので、一二〇〇～二二〇〇棟のアスベスト吹き付けビルが解体されたと推定されます。しかし東京都の「指導要綱」に基づく吹き付けアスベスト除去工事等の届出は、わずか二六六件でした。吹き付けアスベストをキチンと除去して解体したのは、一割～二割にすぎないのです。

アスベスト含有建材対策

ビル解体の時、吹き付けアスベストは飛散しやすいので、業者も多少は気をつけます。しかしアスベスト含有建材については、何の対策もしない場合が大部分でした。天井材や壁材はハンマーなどで割り、ピータイルははがさずに、そのままコンクリートと一緒に解体してしまうのです。当然、大量のアスベスト繊維が飛散します。これは労働安全衛生法違反です。解体前にすべてのアスベスト含有製品を調査・記録し、除去しなければなりません。飛散防止対策には、負圧・集じん機が必要です（↓Q29）。

新築現場からもアスベスト繊維が飛散している例が多いようです。薄い瓦（住宅屋根用化粧石綿スレート）、石綿スレートをはじめ、多くのアスベスト含有建材がいまだに使われています。現場で建材を切ったり打ちつけたりする時、大量のアスベスト繊維が飛散します。労働省は除じん装置付きのこぎりなど、新築時のアスベスト飛散防止対策マニュアルを作っています。しかしゼネコン大手の大林組でさえ、新築時のアスベスト対策は何もしていないと公言しているのが現状です。

民間ビルの吹き付けアスベスト調査②

建物用途	調査棟数	アスベスト使用棟数
劇場・映画館・演芸場・観覧場・集会場	20	2
病　院	12	1
ホテル・旅館	15	7
体育館・ボーリング場・スケート場・水泳場	19	9
百貨店・展示場	14	7
キャバレー・ナイトクラブ・舞踏場	3	0
料理・飲食店	2	0
事務所	8	6
工場	6	13
駐車場・複合ビル他	39	23
計	148	68（45.9%）

（1988年3月　都・市・区調べ）

新築時のアスベスト対策マニュアル

「石綿含有建築材料の施工における作業マニュアル」（労働省労働基準局安全衛生部化学物質調査課編／建設業労働災害防止協会発行）

Q19 ドライヤーやベビーパウダーにも使われていたそうですね。

何年か前、新聞で「ベビーパウダーにもアスベスト」という記事を見ました。ベビーパウダーは飛散しやすいので心配です。今は使われていないのでしょうか。

ドライヤーのアスベストについては、広瀬弘忠氏の著書『静かな時限爆弾』、日本消費者連盟の『グッバイ・アスベスト』に次のような有名なエピソードが紹介されています。

「一九七八年七月、アメリカのテレビ局の写真室でカメラマンが写真乾燥にヘアドライヤーを使っていました。すると、ネガフィルムになにか塵のようなものが付着するのです。いったい何かと思ったカメラマンは、その繊維を調べさせます。それはアスベストの微細な繊維でした」

アスベストは熱に強く、絶縁性もすぐれているので、ドライヤーやトースターなどの絶縁材として使われてきました。

東京都生活文化局は家電製品へのアスベスト使用状況を調査しています。一九八〇年以前に販売されたヘアードライヤー、トースター、電気オーブンを調べた結果、ヘアードライヤーの二八%、トースターの二三%、電気オーブンの一二%にアスベスト

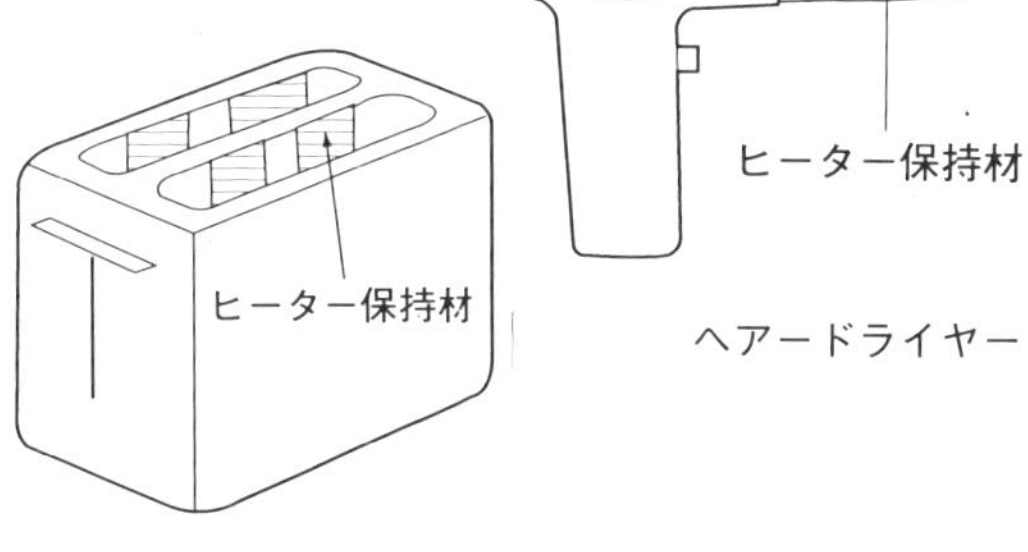

が使われていました。

　ヘアードライヤーではヒーター保持材《ほじざい》、熱シールド材としてアスベストが露出《ろしゅつ》状態で使われていました。送風口からのぞいて見て、ヒーター保持材が白色のものはアスベストの可能性があるとしています。

　トースターの場合、ヒーター取付け部材とポップアップ型トースターのヒーター保持材として使われていました。ヒーター取付け部材は隠れた場所にあり、ヒーター保持材は露出状態でした。上からのぞいて見て、ヒーター保持材が白色のものは、アスベストの可能性があるということです。

　電気オーブン、電気ストーブ、電気こたつのヒーター取付け部材にも使われていましたが、露出はしておらず、電子レンジ類への使用例はなかったそうです。

　露出部分にアスベストが使われていたのは、ヘアードライヤーは一九八〇年頃、トースターは一九七〇年代前半まで使用例があるそうです。隠れた部分に使用していた例は一九八七年時点でもあり、東京都の質問に対して㈳日本電気工業会は「会員各社は一九八八年三月以降の製品について、すべて材料変更した」と回答しています。

　アスベストを使っているドライヤーから、どのくらいのアスベスト繊維が飛散するのでしょうか。東京都の調査によると、吹き出されてくる温風中のアスベスト濃度は、平均三本／ℓ、最高七・六本／ℓだったということです。

　一九八六年、ベビーパウダーにアスベストが含まれていることがマスコミで報道さ

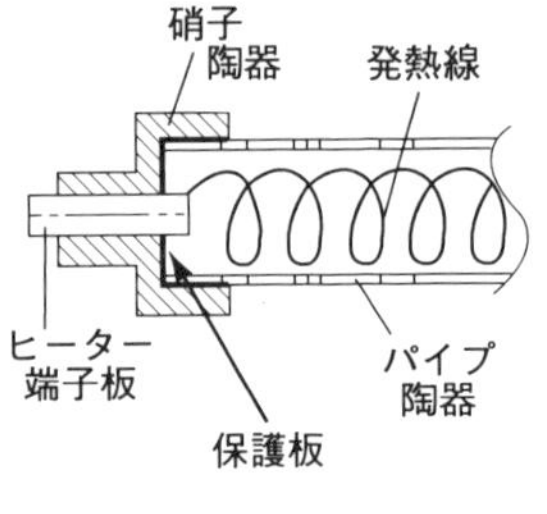

オーブン

ドライヤーから飛散するアスベスト濃度

	石綿繊維濃度（本／ℓ）	
ドライヤー10機種運転時	3.2（2.4）	2.9（2.1）
	5.3（4.5）	1.1（0.3）
	4.9（4.1）	7.6（6.8）
	1.4（0.6）	1.4（0.6）
	4.3（3.5）	3.3（2.5）
室内	0.8	
平均	3.0（1.9）	

（　）内は室内のアスベスト濃度を引いた値
出典）『昭和62年度生活関連物質に関する安全対策等の調査報告』東京都生活文化局編

れ、大問題になりました。ベビーパウダーの主成分はタルク（滑石《かっせき》）と呼ばれる鉱物の粉末ですが、これにアスベストが混入していました。地中でタルクができる条件がアスベストの場合とよく似ているため、タルクと一緒にアスベストが生成していることがあるのです。厚生省が各メーカーに対し、アスベストが検出されないことを確認したタルクだけを使うよう通知を出しました。アスベスト根絶ネットワークが一九九三年に四銘柄のベビーパウダーを検査した際には、アスベストは検出されませんでした。

　タルクはベビーパウダーのほか、化粧品、製紙、農薬・医薬品、磁器碍子《じきがいし》、ゴム製品製造など、多くの分野で使われています。これらすべてのタルクについてアスベストを検査しているのかどうか、不明です。

　タルクを打ち粉として使っていたゴム製品製造労働者が悪性中皮腫になりました。タルクに混入していたアスベストが原因で、労災認定されています。

ベビーパウダーのアスベスト

Q20 水道水やお酒にもアスベストが入っているそうですが。

水道水やお酒にもアスベストが入っていると報道されたように記憶しています。何か対策がされているのでしょうか。アスベストを飲んでも大丈夫でしょうか。

アスベスト水道管

これまでにさまざまな材質の水道管が使われてきました。その一つにアスベスト水道管があります。これはアスベストをセメントで固めて管状にしたものです。広く使われてきましたが、衝撃に弱く、自動車の交通量の多い所ではその重みでつぶれたり、新潟地震ではあちらこちらでアスベスト水道管が破裂し断水しました。アスベスト水道管が劣化するとアスベスト繊維がはがれてきます。

また、モルタル塗装鋼管《とそうこうかん》のモルタルもボロボロとはがれ、このモルタルにアスベストが含まれていることも指摘されています（『グッバイ・アスベスト』二一頁、日本消費者連盟）。

水道水のアスベスト濃度

一九八八〜九年に東京都衛生研究所が都内の水道水を透過《とうか》型電子顕微鏡で検査し、水道水一リットル中に七五〇〇〜九万三〇〇〇本のアスベストを検出しています。

こうしたことからアスベスト水道管をライニング鋳鉄管《ちゅうてつかん》などに交換する工事が各地で行なわれています。ビル屋上の高架水槽《こうかすいそう》が水道水質悪化の原因になっているので、厚生省は水道の圧力を上げて高架水槽を不要にするため、補助金を出してアスベスト水道管の取り替え工事を推進しています。

お酒のアスベスト

日本酒やワイン醸造の最終段階でアスベスト製フィルターが使われてきました。一九七六年から国税庁と業界団体がアスベストフィルターの使用を自粛《じしゅく》するよう指導しました。しかし、東京都立衛生研究所の調査で日本酒から大量のアスベスト繊維が検出され、その後も使われていたことが明らかになりました。一九八五年、日本酒造組合中央会は全面不使用の通達を出しています。現在使われていないかどうかはわかりません。

アスベストを飲んだ場合の影響

アスベスト繊維を吸い込むとがんになる可能性があります。しかし飲んだ場合の影響については、今のところ定説がありません。動物実験では、口から入ったアスベストが体中に移動することがわかっています。米国のセリコフ教授らは一万人以上のアスベスト断熱材労働者を調査し、断熱材労働者は一般人にくらべ、肺がんのほか、胃がん、結腸・直腸がんにもなりやすいことを明らかにしています。飲料水中のアスベスト濃度が高い地域の疫学調査が行われていますが、はっきりしたデータはまだ出ていないようです。

飲料水のアスベスト濃度規制値

飲料水中のアスベスト濃度規制値を決めているのは、米国だけです。米国環境保護庁はＮＴＰ（米国毒性プログラム）の動物実験による毒性データをもとに、透過型電子顕微鏡で長さ一〇ミクロン（一〇〇〇分の一ミリメートル）以上のアスベスト繊維が飲料水一リットル中に七〇〇万本を安全基準としています。前頁の東京都衛生研究所の調査では、都内の水道水中のアスベスト繊維はすべて長さ一〇ミクロン未満だったということです。

Q21 外を歩いているだけでアスベストを吸い込むのですか。

自動車のブレーキにアスベストが使われているそうですが、道を歩いている時にもアスベストを吸い込んでいるのでしょうか。

環境庁の調査によると、幹線道路の近くでは大気中のアスベスト濃度が高くなっています。路肩に近いほどアスベスト濃度が高くなっているので、ブレーキから飛散したものと思われます。高速道路の路肩では幹線道路より濃度が低いのですが、料金所周辺では高くなっています。これは自動車、バイクのブレーキなどから飛散したアスベストの影響と見られます。高速道路ではブレーキをかける回数が少ないのですが、料金所では必ずブレーキをかけるので、アスベスト濃度が高くなるのでしょう。

自動車、バイクのブレーキライニング、ディスクパッド、クラッチフェーシング、ガスケット、エンジンカバーの断熱材などにアスベストが使われてきました。ブレーキをかけると、ブレーキライニングから大量のアスベストが飛散します。飛散したアスベストの九九%は摩擦熱で結晶構造を失なうと言われていますが、結晶構造を維持したままのアスベスト繊維も飛散するものと思われます。

㈶日本自動車工業会は、自動車・バイクのノンアスベスト化計画を打ち出していま

産業幹線道路のアスベスト濃度（本／ℓ）

路肩からの距離			風向	風　速（m/秒）
0m	20m	50m		
6.58	4.32	2.59	風下	2.6 ～4.2
6.58	3.67	2.77	一	2 以下
9.26	9.77	7.94	横	2.3 ～3.0
11.04	16.15	7.14	風下	2.4 ～3.0

国道26号線C交差点での環境庁調査

出典）『アスベスト排出規制マニュアル増補版』

幹線道路のアスベスト濃度（本／ℓ）

路肩からの距離		
0m	20m	50m
1.33	1.06	0.92

高速道路路肩のアスベスト濃度（本／ℓ）

平均	料金所周辺
0.58	1.64

ともに濃度は幾何平均、1981,82年度環境庁調査

自動車、バイクのノンアスベスト化

す。乗用車と小型商用車については一九九二年末で切り替えを完了し、バイクと二・五トン以上の商用車については一九九四年末までに切り替えるとしています。しかし補修用ブレーキ用品にはいまだにアスベストが使われています。

産業廃棄物の運搬中に飛散？

トラックの積荷からもアスベストが飛散します。国道二六号線のある交差点では、空気一ℓ中に約七〜一一本のアスベスト繊維が検出されました。これは他の道路に比べてかなり高い濃度です。国道二六号線は大阪から和歌山への主要な産業幹線道路で、一時間あたり一六〇〇台の交通量の約二割が廃棄物《はいきぶつ》等を運搬する大型車でした。積荷の産業廃棄物からアスベストが飛散したものと思われます。

積み荷のアスベストが飛散

積荷のアスベストが降ってくることさえあります。一九九一年四月、東京都世田谷区松原一丁目の首都高速道路で、車から落ちたアスベスト繊維入りの袋一一袋が後続の車にひかれ、約二五〇キログラムのアスベストが飛散しました。高速道路下の民家のあたりは「雪が降ったように一面が真っ白になった」ということです。

道路骨材のアスベスト

道路にもアスベストが使われました。舗装《ほそう》用のアスファルトにアスベストをまぜていたことが知られています。また岩手県では道路骨材《こつざい》にアスベストの一種アンソフィライト（直閃石）が混入していたため、冬季に使われたスパイクタイヤで道路が削り取られ、アスベストが飛散しました。一九九二年にスパイクタイヤが禁止され、アスベスト飛散は少なくなったと報告されています。国道については道路粉じんを除去して埋め立てたそうですが、県道・市道の道路粉じんは未処理のまま放置されています。

Q22 ごみ処分場からもアスベストが飛んでくるのでしょうか?

撤去されたアスベストは、ごみ処分場に持ち込まれると聞きましたが、安全管理に問題はないのでしょうか。そこが新たな汚染源になることはありませんか。

ごみ問題が深刻化し、東京・日の出町の「ごみ紛争」をはじめ、ごみ処理施設《しょりしせつ》や処《しょ》分場《ぶんじょう》に反対する住民運動が全国各地で巻き起こっています。ごみ処分場が確実に環境を汚染し、地域住民の健康や生命に甚大《じんだい》な危害を及ぼしていることは、もはや否定できない事実です。

一九八一年の環境庁調査によると、住宅地域の空気中のアスベスト濃度は一・二本／ℓでしたが、廃棄物処分場周辺では四・三本／ℓで、廃棄物処分場からアスベスト繊維が飛散していることがわかります。

一九八七年の厚生省調査でも、廃棄物処分場の風下では風上よりアスベスト濃度が高くなっているので、アスベスト繊維が飛散していることは間違いありません。

大改正された廃棄物処理法が一九九二年七月から施行されました。改正後は飛散性のアスベスト廃棄物は「特別管理産業廃棄物」に指定され、密封《みっぷう》または固化《こか》して収集・運搬、埋立処分されるので、アスベスト飛散は少ないはずとの見方もあります。

厚生省の調査結果

施設名		アスベスト			
		風上		風下	
		試料数	平均値	試料数	平均値
一般処分場	一・T	4	2.67	8	6.59
	一・U	4	9.92	8	19.70
産廃処分場	公・F	4	4.36	8	5.68
	公・G	4	3.19	8	6.71

(単位：本／ℓ)

出典）厚生省生活衛生局水道環境部「最終処分場におけるアスベストの挙動に関する研究」

しかし果たしてそうでしょうか。いくつかの大きな問題点が野放しにされたままです。

その第一点は、改正廃棄物処理法で定められたアスベスト廃棄物（「廃石綿等《はいせきめん》」）の定義から、製品として最も量の多いアスベスト建材が抜け落ちていることがあげられます（八〇頁表参照）。アスベスト建材は、建設廃棄物、木くず、あるいはガラス・陶磁器くずとして、中間処理場で粉々に粉砕された後、あるいはそのまま、廃棄物処分場に持ち込まれています。

第二の問題点は、吹き付けアスベストを除去しないままのビル解体が横行していることです。ビルなどから除去された吹き付けアスベストは「廃石綿等」に指定されていますが、吹き付けアスベストを除去しないまま解体してしまえば、「廃石綿等」は生じないわけです。阪神・淡路大震災の後、被災地では吹き付けアスベストを除去しないままビルを解体する例が相次ぎ、アスベスト汚染が大問題になりました（→Q30）。これは被災地に限ったことではなく、東京都内でも吹き付けアスベストを事前に除去してから解体しているのは、一割〜二割だけです（→Q18）。

いわゆる「ごみ埋立地」、廃棄物処分場は全国に約五〇〇〇カ所あります。そこにアスベスト建材や、解体時に除去されなかった吹き付けアスベストが持ち込まれ、埋め立てるときに重機《じゅうき》で粉砕され、アスベスト繊維を飛散させているケースがみられます。

第三の問題点は、吹き付けアスベストやアスベスト建材が廃棄されて終着駅のごみ

廃石綿等

アスベストごみ処理の流れ

処分場に辿《たど》り着くまでの、その過程にあります。収集運搬に伴う積み替え保管所では、集めた廃棄物を大型トラックに積み替えるときにアスベスト繊維が飛散します。建設廃棄物などを破砕・分別する中間処理施設でも、大量のアスベスト繊維が飛散します。積み替え保管所、中間処理施設は全国に数千カ所にのぼるとみられます。

当然、こうした施設建設に対する住民の反対運動も盛んです。最近マスコミでも、アスベスト飛散問題を争点に建材等の中間処理施設の建設計画を中止に追い込んだ例として、江戸川区での二つの事例が報じられました（『ノーモア・アスベスト』参照）。一九九四年に改正建築基準法・都市計画法が施行され、住居地域、商業地域はもちろん、準工業地域でも、アスベストを含有する製品を製造または粉砕する工場は、集じん機付の屋内型以外は建築できなくなりました。

このような状況からすれば、アスベスト建材なども廃棄物処理法で「特別管理産業廃棄物」に準じた取り扱いを規定すべきです。自治体レベルでもぜひ廃棄物の処理プロセスでの積極的なアスベスト飛散防止対策に踏み込んでもらいたいものです。

自動車の解体スクラップ施設などでも、ブレーキライニングのアスベスト飛散のおそれは非常に高く、中間処理施設と同じ問題が指摘されています。いずれにしてもアスベスト汚染のリスクをミニマムにするためには、環境団体をはじめ周辺住民による実態解明や問題提起がますます肝要になってきていると言えるのではないでしょうか。

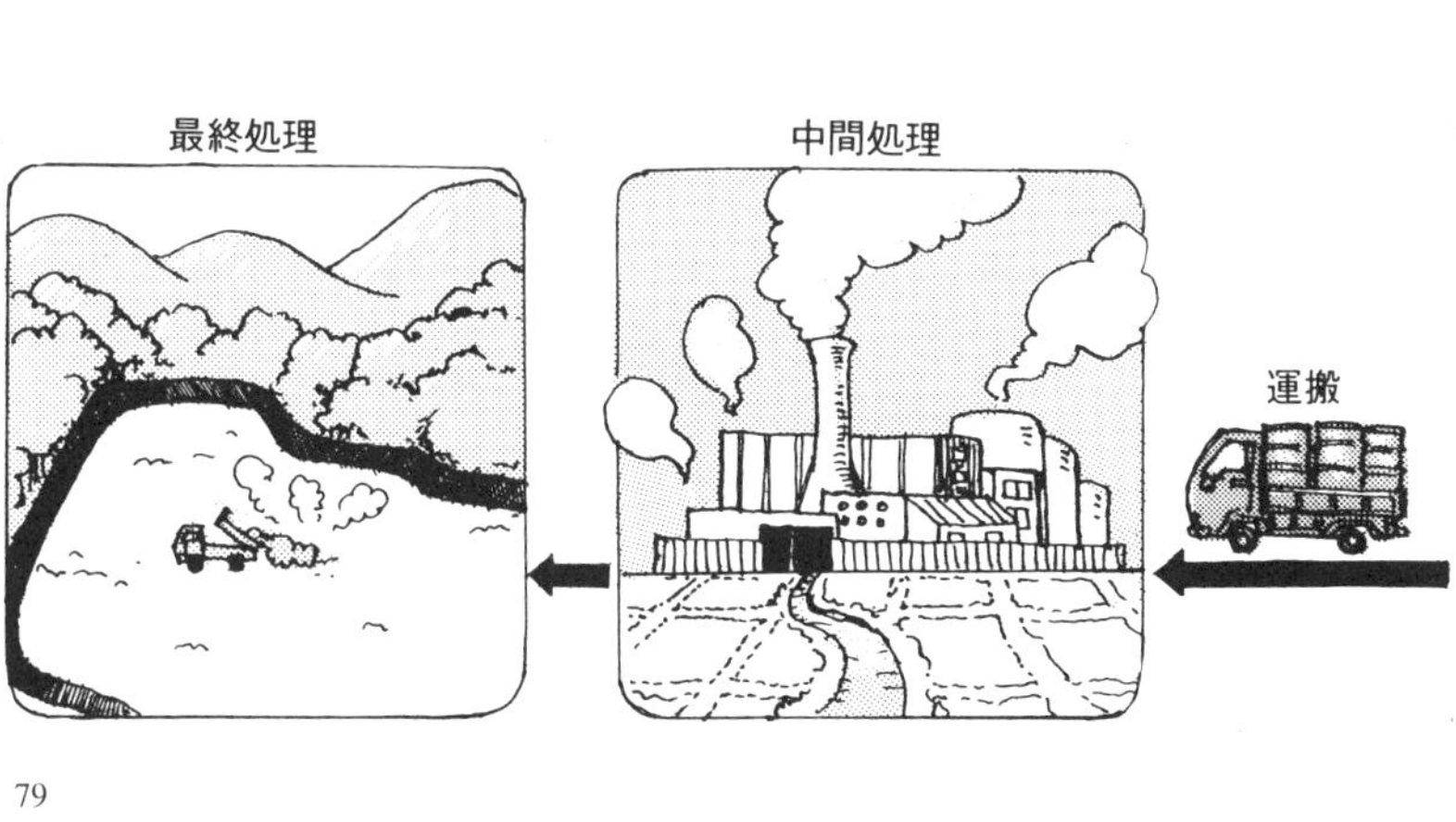

「廃石綿等」とは

（廃棄物の処理および清掃に関する法律施行規則第１条の２、第６項）

1．建築物に吹きつけられたものからアスベスト建材除去事業により除去されたアスベスト

2．建築物に使われたもののうち、アスベストを含む下記のもので、アスベスト建材除去事業により除去されたもの

イ　アスベスト保温材

ロ　けいそう土保温材

ハ　パーライト保温材

ニ　人の接触、気流および振動等によりイからハに掲げるものと同等以上にアスベストが飛散するおそれのある保温材

3．アスベスト除去事業に用いられ、廃棄されたプラスチックシート、防じんマスク、作業衣　その他の用具または器具で、アスベストが付着しているおそれのあるもの

4．特定粉じん発生施設で生じたアスベストで、集じん施設によって集められたもの（輸入されたものを除く）

5．特定粉じん発生施設または集じん施設を設置する工場または事業場で用いられ、廃棄された防じんマスク、集じんフィルターその他の用具または器具で、アスベストが付着しているおそれのあるもの（輸入されたものを除く）

6．集じん施設で集められたアスベスト（事業活動に伴って生じたもので、輸入されたものに限る）

7．廃棄された防じんマスク、集じんフィルターその他の用具または器具で、アスベストが付着しているおそれのあるもの（事業活動に伴って生じたもので、輸入されたものに限る）

Q23 アスベスト工場からアスベストが飛散することはないのですか？

アスベスト製品製造工場の近くに住んでいるので、アスベストが飛んできているのではないかと心配です。ちゃんと検査しているのでしょうか。

アスベスト製品を製造する工場あるいは事業場《じぎょうじょう》は、全国に三〇四あります（一九九四年三月末）。工場数は年々減少していますが、泉南地域の零細なアスベスト工場を抱える大阪府に全工場の一割以上が集中しています。工場の所在地は各都道府県に情報公開請求すればわかります。

工場のアスベスト飛散防止対策は非常にズサンでした。環境庁の調査によると、石綿スレート等製造工場の集じん機の排出口で空気一リットル中に最高二万本ものアスベスト繊維が検出されました。集じん機のフィルターが機能せず、アスベストを周辺にまき散らしていたのです。このような集じん機の管理不備のほか、工場の出入口や窓が開いていたなど、さまざまな原因で工場からアスベストがまき散らされていました。

アスベスト製品製造工場の近くに住んでいた主婦が悪性中皮腫で死亡した例は、数多く報告されています。そこで工場のアスベストまき散らしを規制するため、一九八

大気汚染防止法

九年、大気汚染防止法が以下のように改訂されました。

①アスベストは特定粉じんと規定され、アスベスト製品製造機械は特定粉じん発生施設に指定され、届出が義務付けられました。

②事業者は半年に一回、工場敷地境界《きょうかい》のアスベスト濃度を測定し、記録を三年間保存することが義務付けられました（ただし従業員五〇人未満の工場は免除）。

③工場敷地境界のアスベスト濃度の規制基準一〇本／ℓが設けられ、事業者は規制基準を守る義務が課せられました。

④都道府県知事は汚染状況を常時監視《かんし》する義務を負うと同時に、立入検査の権限を与えられました。

アスベストの発がん性には「安全な濃度」はありません（→Q2）。にもかかわらず敷地境界で一〇本／ℓという規制基準が決められたのは、当時の技術レベルで達成可能な濃度であったこと、および敷地境界から住民が住んでいる所まで拡散する間にアスベスト濃度が低下することを期待したからです。一〇本／ℓ以下なら安全であるかのように言う人がいますが、それは誤りです。

大気汚染防止法改訂によってアスベストまき散らしは改善されたのでしょうか。一九九二年に都道府県等が一一二工場・事業場の敷地境界でアスベスト濃度を測定した結果、七カ所で規制基準を超過しており、改善を指導したということです。一定の成果はあがっているものの、まだアスベストをまき散らしている工場があるわけです。

アスベスト製品製造工場・事業場の分布（環境庁大気規制課調べ）

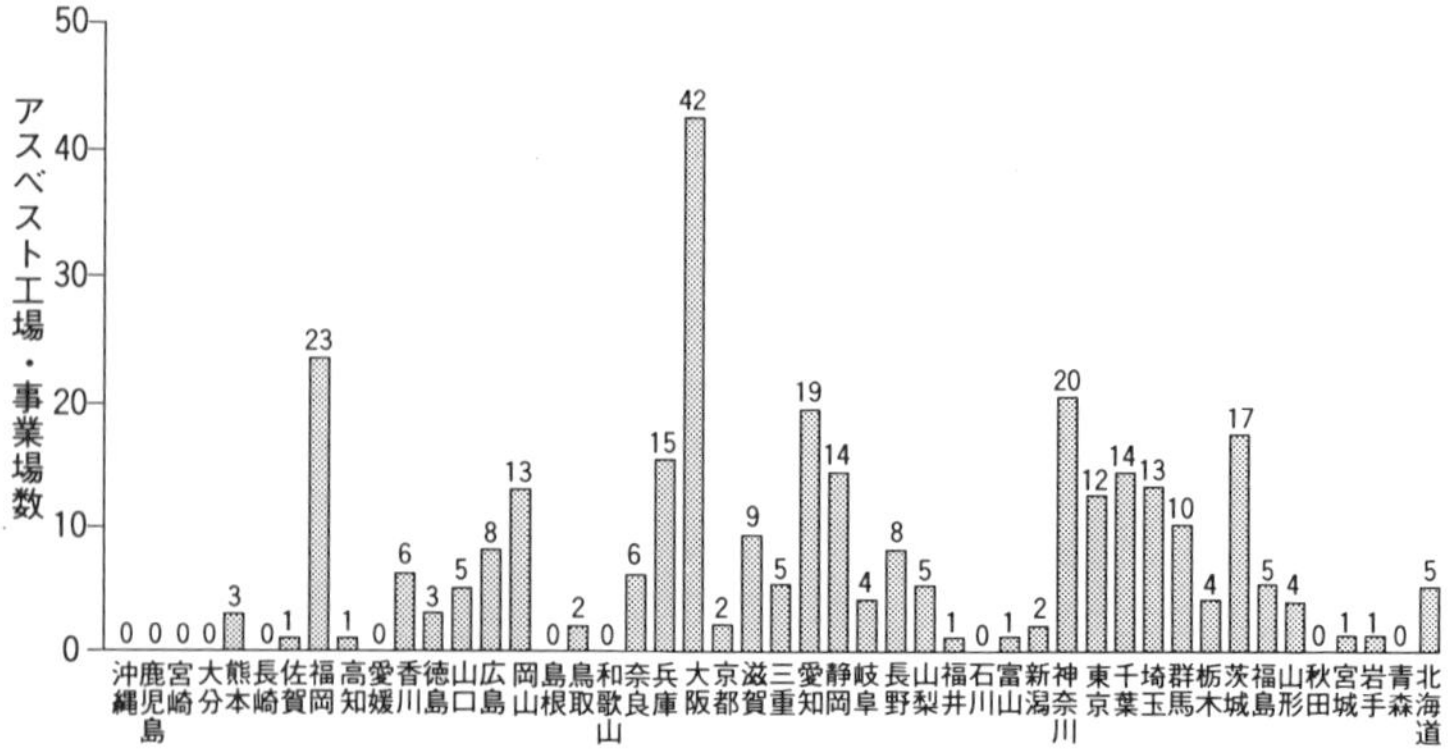

Q24 アスベスト鉱山跡地や蛇紋岩採石場からも飛散するのですか。

日本にもアスベスト鉱山があったそうですね。長野オリンピックが行なわれる八方尾根は蛇紋岩地帯です。アスベストが飛散するおそれはないのでしょうか。

結論からいいますと、アスベスト鉱山跡地も蛇紋岩採石場も、アスベスト汚染の発生源になっていると考えた方がいいようです。

第二次世界大戦中、アスベストの輸入が途絶えたため、政府は全国各地でアスベスト鉱山開発に乗り出しました。アスベストは軍艦、戦闘機などの断熱材などとして必須の軍需物資だったのです。最大のアスベスト鉱山は、北海道富良野市山部にあるノザワ鉱山でした。しかしノザワ鉱山のアスベスト（白石綿）は外国産に比べてアスベスト繊維が短く、決して品質のよいものではありませんでした。

敗戦後まもなく、これらのアスベスト鉱山跡地は次々に閉山されましたが、富良野市のノザワ鉱山だけは一九六九年まで採掘を続けていました。日本のアスベスト鉱山跡地は、わかっているだけで五九カ所あります（八七頁参照）。

これらのアスベスト鉱山跡地は一体どうなっているのでしょうか。

富良野市山部には、ノザワ鉱山をはじめ三つのアスベスト鉱山跡地があります。い

日本のアスベスト鉱山

富良野市の鉱山跡地

ずれも、草木も生えないハゲ山のまま放置されてきました。いまだに山肌のあちこちに蛇紋岩が転がっています。蛇紋岩が風化・崩壊をくり返し、露出したアスベスト繊維が空気中に飛散し、あるいは雨水や雪どけ水に運ばれ、脇を流れる空知《そらち》川の河川敷《かせんじき》に大量にたまっています。空知川の水が増水するたびに、下流に運ばれていきます。

ノザワの鉱山跡地から南西におよそ七百メートルのところに、アスベスト選鉱所《せんこうしょ》があります。ノザワ鉱山で採掘していた間、この選鉱所で蛇紋岩を粉砕し、アスベストを取り出していました。現在は、選鉱所の敷地内にズリ山として積み上げられている廃さい（蛇紋岩からアスベスト繊維を取り出した後のカス）に微量ながら含まれているアスベスト繊維を取り出しています。ズリ山の表面は風雨にさらされ、小粒子の泥や砂が流されたり飛ばされたりして、濃縮されたような状態でアスベスト繊維が露出しています。学校の天井に吹き付けられていたアスベストと同じような状態です。ノザワ鉱山跡地と選鉱所は現在も鉱山として扱われ、鉱山法の適用を受けています。

北海道庁は一九八五年から毎年、このアスベスト選鉱所周辺の空気中のアスベスト濃度を測定し、そのデータを公表しています（北海道環境白書）。それによると、空気一ℓ中の最高値は一九八五年で二七・五本、八九年で一八・四本です。幾何《きか》平均でも四・三本から一・五本の範囲で、選鉱所がアスベストをまき散らしていたことがわかります。この選鉱所に隣接してたくさんの住宅や学校、東大演習林の事務所などがあります。

廃さい
廃さいから取り出したアスベストは、建材、アスベスト紙、充てん材、接着剤、塗料、道路舗装用などに使われてきました。

アスベスト飛散状況

アスベスト規制濃度

一九八九年に大気汚染防止法が改訂され、アスベスト製品製造工場のアスベスト撒き散らしが規制されました。これに伴って、アスベスト鉱山については鉱山保安法により敷地境界で一〇本／ℓの規制基準が設けられました。

鉱山跡地はハゲ山のまま放置されていましたが、ノザワ鉱山跡地はようやく一九八七年から緑化が進められています。富良野市山部の残りの二つのアスベスト鉱山跡地は、緑化されることもなく、ハゲ山のまま放置されています。

長崎県の鉱山跡地

長崎県の三和《さんわ》町（野母《のも》半島）にもアスベスト廃鉱山跡地があります。この跡地は一部は整地され、病院や町役場が建てられています。公園になっているところもあります。廃石が近くの港湾施設に使われたこともありました。

熊本県の鉱山跡地

熊本県松橋《まつばせ》町では、廃鉱山・廃工場跡地周辺の住民のなかに胸膜肥厚が多発していることが報道されて、大さわぎになったことがあります。

長崎県、熊本県の鉱山跡地でのアスベスト汚染の実態は明らかになっていませんが、両県にかぎらず、早急に全国調査をする必要があるのではないでしょうか。

日本の蛇紋岩地帯は、北海道から九州まで広い範囲に分布しています。蛇紋岩は、砂利石や骨材として道路工事や建設用材に多く使われています。蛇紋岩の採掘にともなうアスベスト汚染の実態は、すでに環境庁の調査によって明らかになっています。東北地方の蛇紋岩地域での例では、二九本／ℓものアスベスト繊維濃度が観測されています。行政はアスベストがあることを知った上で採石を許可しているのか、心配です。

こんなこともありました。

積雪地帯で、道路骨材に含まれていたアスベストがスパイクタイヤによって削られ、飛び散ったアスベストが道路周辺を高濃度で汚染してしまったという事件です（↓Q21）。

長野県の八方尾根周辺は有名な蛇紋岩地帯です。ここに、一九九八年に開催される冬期オリンピック長野大会のスキーのジャンプ台が作られました。この工事でもアスベストを飛散させてしまって、大問題になったことがあります。

無知がまねいた結果なのか、それともアスベスト問題を軽視した結果なのか、いずれにしても、蛇紋岩地帯での開発工事（ゴルフ場建設、道路工事）や蛇紋岩の採石があまりにも無造作に行なわれていることに対して警鐘《けいしょう》を鳴らす事例です。

蛇紋岩採石場のアスベスト飛散

	測定結果			幾何平均
夏	29.0	1.53	1.40	3.96
冬	1.23	1.14	0.76	1.02

出典）平成３年度　未規制大気汚染物質モニタリング調査結果

全国のアスベスト鉱山跡地

地名の後の(　)内は２以上鉱山跡地数
●は白石綿鉱山　△は角閃石鉱山
「日本礦産誌ＢⅠⅤ」より作成
富良野市(３)
占冠村
平取町
日高町(２)
三石町(５)
静内町(５)
釜石市鵜住居町
釜石市甲子町(２)
塩沢町長崎
郡山市中田町田母神
須賀川市
石川町沢井
埼玉県美里町円良田
児玉町太駄
桜江町長谷
金城町今福
徳山市大道理
福岡県前原町井原
三加和町(２)
山鹿市(２)
松橋町(４)※
東陽村河俣
琴海町長浦
長崎市茂木町
三和町(12)
野母崎町(４)
※内１は白石綿

Q25 ビルにアスベストが吹き付けられているか調べるには？

マンションに住み、ビル内の会社で働いています。アスベストが吹き付けられているのではないかと心配です。調べるにはどうしたらいいでしょうか。

鉄骨造り、鉄筋コンクリート造り、あるいは鉄骨鉄筋コンクリート造りの建物にはアスベストが吹き付けられていることがあります（↓Q15）。吹き付けアスベストの有無を確認するためには、二つの方法があります。

設計図書の調査

一つは、建物の設計図書を調べる方法です。矩計図《かなばかりず》、平面図、あるいは内部仕上表に「吹き付け」とか「アスベスト吹き付け」などと明記してあれば、手がかりが得られます。吹き付け材の商品名が書かれていれば、一五〇頁の一覧表でアスベストが含まれているかどうか、見当をつけることができます。ただし一覧表に載っていない商品名でもアスベスト含有吹き付けの可能性があります。しかし吹き付けがあるのに「吹き付け」と明記してない場合や、設計図書には「ロックウール吹き付け」と書いてあるのに実際はアスベスト吹き付けの場合、あるいはその逆の場合もあります。東京都築地市場では、建築関係者が「こんな所にあるはずがない」と言っていたモルタルの二重壁の間に青石綿が吹き付けられているのが発見されました。設計図書の調査

「あるはずがない」ところにもある

だけで済まさず、必ず実際の建物を実地検査《じっちけんさ》する必要があります。

二つ目の方法は、建物の実地検査です。吹き付けがあるかどうか、天井、壁を検査します。天井板が張られている場合は、天井板の奥も検査する必要があります。鉄骨は原則として、吹き付けあるいは耐火被覆板で耐火被覆されているはずです。吹き付けがあれば、分析業者（一五八頁参照）などに依頼してサンプルを採取し、分析してもらいます。分析は通常、X線回折（→Q8）を行ない、アスベストに特徴的なピークが出るかどうかで判断します。費用は一サンプルあたり二～三万円程度ですが、サンプル採取に来てもらえば一万円程度余計にかかるでしょう。

「アスベストの吹き付けは一九七五年に原則的に禁止されたので、それ以降に建設された建物にはアスベスト吹き付けはない」と言う人がいます。アスベストについて生半可《なまはんか》な知識を持っている行政当局者によく見られますが、これは誤りです。一九七六年以降もロックウール吹き付けに五％以下のアスベストをまぜた場合があります。主成分はロックウールでも、X線回折で検査する必要があります。

実地検査

X線回折

Q26 アスベストが吹き付けられているのですが、どうしたらいいですか?

私が勤めている会社のビルにアスベストが吹き付けられていました。やはり撤去した方がいいのでしょうか。工事方法についても教えてください。

吹き付けアスベストはアスベストにセメントと結合材《けつごうざい》をまぜてあります。年月とともにセメントや結合材が劣化し、アスベストが飛散するようになります。飛散の程度は吹き付けアスベストの劣化状況、室内の空気の流れ、湿度などによって違います。アスベストを吹き付けてある部屋でクーラーを運転すれば、大量のアスベスト繊維が飛散します。

吹き付けアスベストがむき出しになっている場合には、アスベスト繊維が飛散していることは確かなので、何らかの処理が必要です。鉄骨への吹き付けなど、天井板や壁板が張ってあり、むき出しになっていない場合には直ちに処理する必要はありません。しかし地震のことなどを考えれば、早急に処理した方がいいでしょう。

吹き付けアスベストの処理には三つの方法があります。

・**除去**　吹き付けアスベストを取り除く。

・**封じ込め**　アクリル樹脂《じゅし》などの飛散防止剤を吹き付け、浸透させて、吹き付けア

除去
封じ込め

スベストを固める。

・**囲い込み**　吹き付けアスベストの室内側に天井板などを張り、室内へのアスベストの飛散をふせぐ。

除去は根本的な対策です。封じ込め、囲い込みは一時しのぎの方法です。当座の費用は除去より安くすみますが、建物を解体する時にまた除去しなければならず、結局は高くつきます。小中学校の吹き付けアスベスト処理の八割は除去で、封じ込めと囲い込みがそれぞれ一割程度と言われています。米国環境保護庁（ＥＰＡ）は、極く狭い面積の吹き付けの場合にのみ、囲い込みを認めています。

いずれの方法をとるにしても、アスベストの飛散防止対策が必要なので、専門業者に依頼する必要があります。作業員の健康を守るための対策が労働安全衛生法で定められています（→九一頁）。細かい作業方法については労働省、建設省がマニュアルを発行しています。飛散防止対策の中心は、飛散防止剤と負圧《ふあつ》・集じん機です。

アスベストは乾いていると飛散しやすく、濡れていれば飛散しにくくなります。除去する前に飛散防止剤を吹き付けてアスベストを湿潤化《しつじゅんか》し、さらにアクリル樹脂などの作用でアスベスト繊維どうしを結合させ、飛散を少なくします。それでも、アスベストを除去するとき、アスベスト繊維が飛散します。飛散したアスベスト繊維は、集じん機で吸い取ります。集じん機にはヘパフィルターと呼ばれる高性能フィルターをつけ、アスベスト繊維が外にもれないようにします。さらに、壁と床にポリエチレン

囲い込み

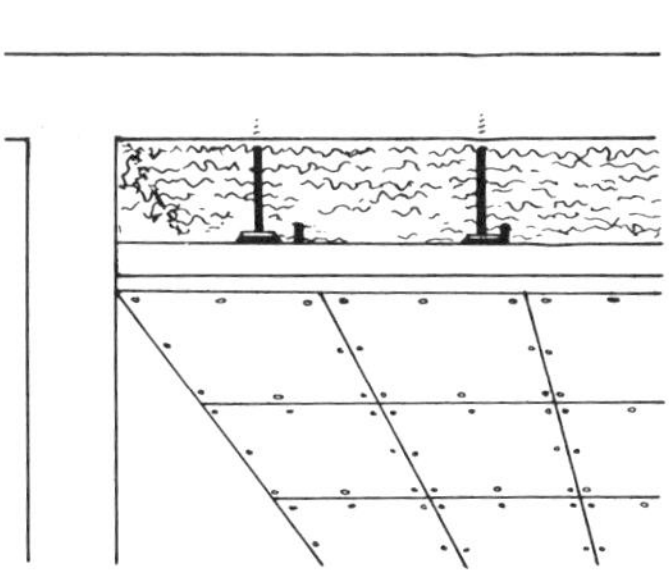

飛散防止対策

飛散防止剤

ヘパフィルター
中位径〇・三ミクロン（一万分の三ミリ）の粒子を九九・九七％以上捕集できる超高性能微粒子フィルター。

シートを張り（これを「養生する」と言います）、集じん機で吸い込んだ室内の空気を室外に出します。入口にもポリエチレンシートを張り空気の流入をおさえると、室内の圧力は室外より低くなり（負圧）、室内に飛散したアスベストが室外に出るのを防ぐことができます。この目的で使う集じん機を負圧・集じん機と呼んでいます。

吹き付けアスベストを処理したあと、室内のアスベスト濃度を測定し、室外と同等になったことを確認してから養生を撤去します。アスベスト濃度測定は作業前、作業中、養生撤去前、作業後の四回必要です。

作業員はアスベストを吸い込まないよう防じんマスクを使い、アスベスト繊維を通さない使い捨ての保護服を着ます。「特定化学物質等作業主任者」の資格を持つ主任者がマスクの装着状況などを監督します。室外に出る前に保護服を脱ぎ捨て、顔などについたアスベスト繊維はシャワーで落とします。

こうした飛散防止対策は、除去の場合だけでなく、封じ込めあるいは囲い込みの場合にも必要です。ビル解体に先立って吹き付けアスベストを除去する場合には、労基署への届出が義務づけられています。東京都、兵庫県では、吹き付けアスベスト処理工事は知事への届出も必要です。一九九六年五月に大気汚染防止法が改正され、九七年四月から吹き付けアスベスト等が使用されている建物の解体・改修工事について、都道府県知事への届出も義務づけられる予定です。

除去した吹き付けアスベストや、アスベスト繊維が付着している養生シートなどは

養生

負圧・集じん機

アスベスト濃度測定

防じんマスク、保護服

特化物作業主任者

シャワー

封じ込め・囲いコミ

特別管理産業廃棄物の一つである「廃石綿等」に指定されており、厳重に管理しなければなりません。吹き付けアスベストはセメントで固めて二重袋に詰め、アスベスト廃棄物と明示します。養生シートなども袋に詰め、アスベスト廃棄物と明示します。廃石綿等の許可を受けた収集・運搬業者の手で管理型最終処分場に運ばれ、埋め立てられます。廃棄の各段階でマニフェスト（管理票）に記載しなければなりません。

防護服と
防じんマスク

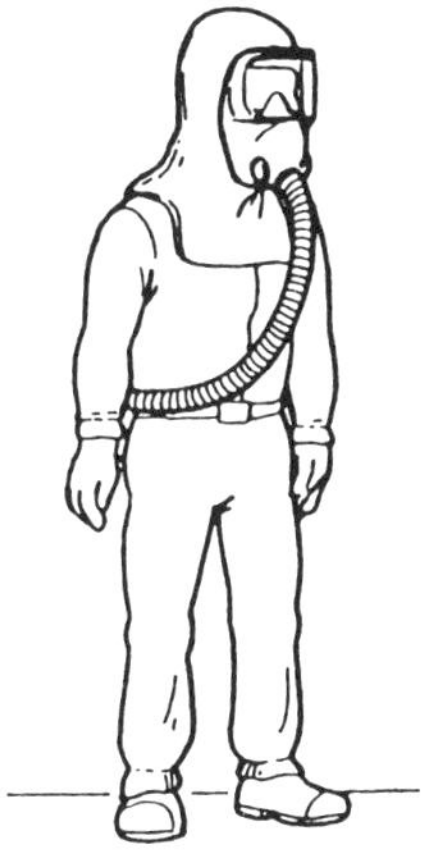

クリーンルーム

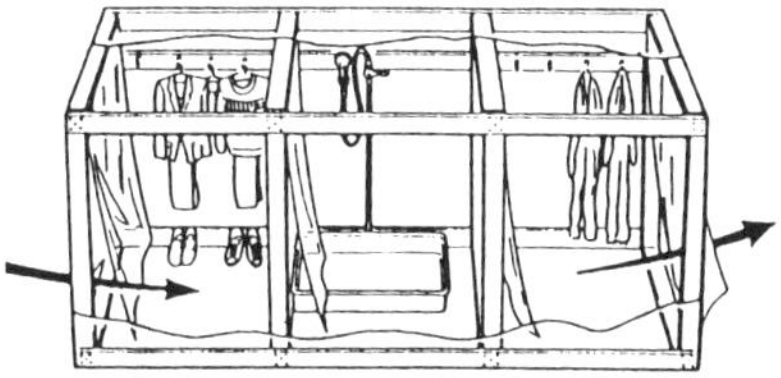

（通勤衣収納室）（洗浄室）（保護衣収納室）

アスベスト除去工事の模式図

クリーンルーム　負圧・除じん装置

特別管理廃棄物、廃石綿等

マニフェスト、管理票

吹き付けアスベスト除去工事等のマニュアル

①『建築物の解体又は改修工事における石綿粉じんへのばく露防止のためのマニュアル』（建設業労働災害防止協会編・発行）

②『既存建築物の吹付けアスベスト粉じん飛散防止処理技術指針・同解説』（日本建築センター・編集　建設省住宅局建築指導課、大臣官房営繕部監督課・監修　日本建築センター・発行）

Q27 アスベスト除去工事の融資制度はありますか？

会社のビルにアスベストが吹き付けられています。除去にかなり費用がかかるそうで困っています。低利融資を受ける方法があったら教えてください。

吹き付けアスベスト除去工事は、吹き付けアスベスト一平方メートル当たり二～三万円かかると言われています。融資《ゆうし》制度には、「建築物の防災改修に係る融資」と「公害防止資金融資」の二つがあります。

［1］建築物の防災改修に係る融資

広い意味での建築物の維持保全（安全性、機能性、快適性など）に関心が高まり、阪神・淡路大震災の経験もあって、一九九五年四月からこれまでの融資条件が大きく変わり、建物の「維持保全計画が適切であること」を必須の要件とする代わりに、所有者が申請できるようになりました。

◎**内容**　吹き付けアスベスト飛散防止工事に政府系金融機関が融資

◎**窓口**　特定行政庁（建築確認申請を出すところ）の建築指導課

→都二三区内なら区、政令指定都市なら市の担当課に手引書があります。

◎主な内容

①対象　建築基準法一二条一項に規定されている定期報告の対象となる建築物

②要件　(1)適切な維持保全計画の一環であること

(2)技術基準　日本建築センターの「既存建築物の吹付けアスベスト粉じん飛散防止処理技術指針・同解説」（↓Q26）に従って工事する

③融資対象者　②に基づいて除去等の工事を行なう建築物の所有者で、審査を受けて適切である旨の証明を得た者

④融資機関　中小企業金融公庫、国民金融公庫、環境衛生金融公庫、日本開発銀行、北海道東北開発公庫、沖縄振興開発金融公庫

◎担当　建設省住宅局建築指導課建築物防災対策室

◎実際の手順としては、

（イ）建築物の所有者が維持保全計画を見直しまたは策定

（ロ）建築物の所有者が、防災改修工事の内容が融資基準に適切である旨の証明申請を特定行政庁に行なう

（ハ）特定行政庁は、審査し、適切な場合には証明書を交付する

（二）建築物の所有者は、証明書を金融機関に提出して、融資を申し込む

☆大要は以上のとおり国の融資制度なのですが、窓口でよく調べるべきことは、

①対象建物は、各市などによって多少違っています。例えば横浜市の対象建物は

建築基準法第12条第1項に規定する建築物（F：階数、A：床面積の合計）

	用途	規格
①	劇場、映画館又は演芸場	地階、F≧3、A≧200㎡又は主階が1階にないもの
②	観覧場（屋外観覧場は除く）、公会堂又は集会場	地階、F≧3又はA≧200㎡
③	病院、診療所（患者の収容施設があるものに限る。）、養老院、又は児童福祉施設等	地階、F≧3又はA≧300㎡
④	旅館又はホテル	地階、F≧3又はA≧300㎡
⑤	下宿、共同住宅又は寄宿舎	地階、F≧3又はA≧300㎡
⑥	学校又は体育館	地階、F≧3又はA≧2000㎡
⑦	博物館、美術館、図書館、ボーリング場、スキー場、スケート場、水泳場又はスポーツ練習場	地階、F≧3又はA≧2000㎡
⑧	百貨店、マーケット、展示場、キャバレー、カフェー、ナイトクラブ、舞踏場、遊技場、公衆浴場、待合、料理店、飲食店又は物品販売業を営む店舗（床面積が10㎡以内のものを除く。）	地階、F≧3又はA≧500㎡
⑨	事務所その他これに類するもの（階数が5階以上で延べ面積が1,000㎡を超えるものに限る。）	地階、F≧3

劇場、映画館、演芸場、室内観覧場、旅館、ホテル、百貨店、マーケット、物品販売店舗に限定されています。

②融資銀行の性格によって、対象建築物の用途、貸し付け額などが違います。

[2] 東京都公害防止資金融資制度

ばい煙、粉じん、臭気、騒音、廃液などによる公害の発生を防止するため、また工場の緑化のための工事資金融資を、利子補給あるいは保証料補助の形で、中小企業の負担を低く押さえられるよう支援するため、五つの制度があります。

東京都以外の自治体でも、同様の融資制度があるようです。

☆アスベスト飛散防止資金

◎**担当** 東京都環境保全局助成指導部助成立地課

◎**対象** アスベストを使用する建築物解体等の工事を行なうとき、アスベストを事前に除去するために必要な資金の融資として、最高二〇〇〇万円まで銀行融資を斡旋《あっせん》する。

◎**実際の手順は、**

(1)担当窓口に相談 目的の場所、事由、規模・内容など

(2)担当官が現地立ち会い調査をして、「公害」となるかを認定する

(3)認定があれば、区の窓口に「アスベスト除去作業」の届出

東京都公害防止資金融資

制度名	対象	限度額	利率	貸付期間	申込受付場所
設備改善資金	資本金1億円以下又は従業員300人(小売業・サービス業1,000万円、50人)以下の企業、事業協同組合等	3,000万円	長期プライムレート実質3.0%又は1.0%	5〜7年以内	東京都環境保全局助成指導部助成立地課 (多摩の方は)東京都多摩環境保全事務所指導課
移転資金		8,000万円		15年以内	
窒素酸化物低減型車両への買換資金		3,000万円	長期プライムレート実質3.0%	5年以内	
アスベスト飛散防止資金		2,000万円	長期プライムレート実質3.0%又は1.0%	7年以内	
工事・事業所等緑化資金他		3,000万円		5〜7年以内	

利率:1996年4月1日現在

(4) 資金融資の申請を(1)に行なう→審査→融資決定

(5) この間、貸出窓口銀行との打合せ、(4)の決定を待ち、融資

なお、信用保証協会の保証が必要です。

☆移転資金は、工場移転―公害認定などの結果―の際に、解体の必要がある建物にアスベストがあると、除去費用が融資対象になり得る場合があります。「設備改善資金」の認定を受けていれば、「環境変化適応資金」融資制度の対象にもなる場合があります。

Q28 建材にアスベストが使われているかどうか、どうしたら分かりますか。

ビルを解体する予定ですが、アスベスト建材も調査が必要と言われました。建材にアスベストが使われているかどうか調べるにはどうしたらいいですか。

一九七五年から、アスベストを重量比で五％を超えて使用している製品の梱包《こんぽう》にはアスベストの表示が義務づけられています。一九九五年四月から、表示義務はアスベストを一％を超えて使用しているものに拡大されています。従って新築工事の場合には、建材の梱包を見れば、アスベストを使っているかどうか、分かります。

日本石綿協会は一九八九年七月から、加盟企業が生産するアスベスト建材一枚一枚に「a」マークの表示を求めています。これは全建総連（大工さんの組合）の要求に応じたものです。新築の場合、あるいはすでに使われている建材でも、「a」マークがあればアスベストが使われています（一九九四年以前はアスベスト含有量五％超、一九九五年一月以降は一％超）。しかし、日本石綿協会に加盟していない建材業者もあるので、「a」マークがないからと言ってノンアスベストとは限りません。

アスベストが使われている建材は不燃《ふねん》建材、難燃《なんねん》建材などの認定を受けています。認定された建材は一枚一枚に認定番号が印刷してあるので、認定番号を「耐火防火構

梱包の表示

aマーク

認定番号

造・材料等便覧《びんらん》」とつき合せてアスベストの有無を調べることもできます。

すでに使われている建材については施工業者に問い合せるのも一つの方法ですが、あまり当てにはならないでしょう。駅のプラットフォームの屋根に使われているような波形スレートとか、一九八五年以前の床のピータイルは、アスベストが使われていると考えてまず間違いありません。屋根の薄い瓦も、商品名が「カラーベスト」、「コロニアル」、「フルベスト」、「ニューフルベスト」なら、アスベストが使われている場合がほとんどです。

アスベストが使われているかどうか確認するためには、建材をX線回折で検査する必要があります（→Q8）。X線回折でアスベストの結晶構造が確認され、顕微鏡で繊維が確認されれば、アスベスト製品と判断します。付録⑤（一五八頁）にX線回折検査をしてくれる分析機関のリストがあります。

主な住宅屋根用化粧石綿スレートの商品名

メーカ	商　品　名
クボタ	カラーベスト・コロニアル、カラーベスト・アーバニー、カラーベスト・ランバート、カラーベスト・ミュータス、カラーベスト・ジュネスⅠ、Ⅱ
松下電工	アルデージュ、アルデージュ・シンプル、エバンナ、フルセラム・うろこ、フルセラム・ヒシ、フルセラム・玄昌Ⅰ、Ⅱ、フルベスト20、ニューフルベスト24、フルベスト・ニューウェーブ
大和スレート	エタニット・ベルカラーＰ－6、エタニット瓦ベルリーナ・ベレ、やまと瓦、ハイルーフ20、ニューハイルーフ、ヨーロッパ・ダッハ、ヨーロッパ・ダッハリーベ、ヨーロッパ・ダッハビーバー

Q29 ビルを解体するとき、アスベスト対策はどうすればいいですか。

もうじき隣のビル解体工事が始まります。アスベストが飛んでこないか心配です。対策をどうするのか業者に聞きたいのですが、ポイントを教えてください。

ビルを解体する前に、まずアスベストの事前調査が必要です。一九九五年四月から労働安全衛生法に基づく特定化学物質等障害予防規則（特化則）が改正され、第三八条の一〇によって、アスベスト製品の調査と記録が義務づけられています。吹き付けアスベストだけでなく、アスベストを一％を超えて含有する製品はすべて調査・記録の対象になります。吹き付けアスベスト、アスベスト含有建材のほか、空調用ダクトの保温材・たわみ継手・パッキン、上下水道など配管のエルボ部（曲っている部分）などの保温材、アスベスト水道管なども調査が必要です。

アスベスト製品がある場合、そのまま解体するとアスベスト繊維が飛散します。石綿スレートやピータイルなど、アスベストを固めてあるものでも、破砕すればアスベスト繊維が飛散するので、解体する前に除去する必要があります。

アスベスト製品を除去する際にはアスベスト繊維が飛散するので、吹き付けアスベスト除去の場合と同様のアスベスト飛散防止対策（→Q26）が必要です。特化則によ

事前調査

特化則第三八条の一〇

事前除去

飛散防止対策

って、特定化学物質等作業主任者の選任、原則として負圧・集じん機の稼働《かどう》、防じんマスク、作業記録などの対策が要求されます。

アスベスト含有建材を除去する場合、従来、「水でぬらして、割らないように手ではずせばよい」とされてきました。この「湿潤化・手ばらし」の場合、建設省の調査によって、作業者はかなりのアスベスト繊維を吸い込んでいることが明らかになっています。手ばらしでも、釘やネジをはずすときにアスベスト繊維が飛散します。場合によってはどうしても割らないとはずせない場合もあります。劣化した建材は、はずす時や運搬中に割れることもあります。ある公共施設でのアスベスト建材除去工事では、湿潤化・手ばらしでも七四例中二〇例（三二％）で作業中のアスベスト濃度が一〇本／ℓを超え、最高三八〇本／ℓの高濃度が検出されています（一〇二頁参照）。

こうしたことから、アスベスト建材を除去する時にも吹き付けアスベスト除去と同様に、飛散防止剤で湿潤化した上で負圧・集じん機を稼動させ、飛散したアスベスト繊維を吸い取る方法が各地で実施されるようになってきました。東京都も一九九五年から都立高校解体工事で実施しています。東京都築地の中央卸売市場や東京女学館では、建物の外部もポリエチレンシートで囲って負圧・集じん機を稼働させています。労働省も一九九五年から規制を強化し、特化則に則り、原則として負圧・集じん機を稼働させるよう求めています。

ビル解体に先立って吹き付けアスベストを除去する場合には、労基署への届出が義

アスベスト含有建材の対策

石綿スレート屋根を手ばらしした時のアスベスト濃度（建設省調査）

測定条件	アスベスト濃度（本／ℓ）		
	測定1	測定2	測定3
作業員P-1	33.3	30.6	31.5
作業員P-2	27.4	65.8	40.1
周辺環境②	2.61	0.52	1.07
周辺環境③	2.61	3.92	2.14
周辺環境④	1.31	3.65	0.36
周辺環境⑤	1.74	2.35	0.71
バックグラウンド	0.666		

労基署への届出

務づけられています。東京都、兵庫県では知事への届出も必要です（→Q26）。
除去したアスベストのうち、吹き付けアスベスト、アスベスト含有保温材などは特別管理産業廃棄物に指定されており、厳重な処理が必要です（→Q26）。その他のアスベスト建材などは特別管理産業廃棄物に指定されていません。しかし一般の処分場に埋めたてると、埋めたての間にブルドーザーなどで破砕され、アスベスト繊維が飛散します。厚生省の調査で安定型処分場からアスベスト繊維が飛散していることが確認されています（→Q22）。さらに、建設廃材は中間処理場で破砕・分別される場合が多く、ここでもアスベスト繊維が飛散します。アスベスト建材も吹き付けアスベストと同様、特別管理産業廃棄物として処分すべきです。

特別管理産業廃棄物
アスベスト建材除去工事中の室内のアスベスト濃度
（点は各工事毎の測定値を示す。手ばらし、飛散防止剤使用）

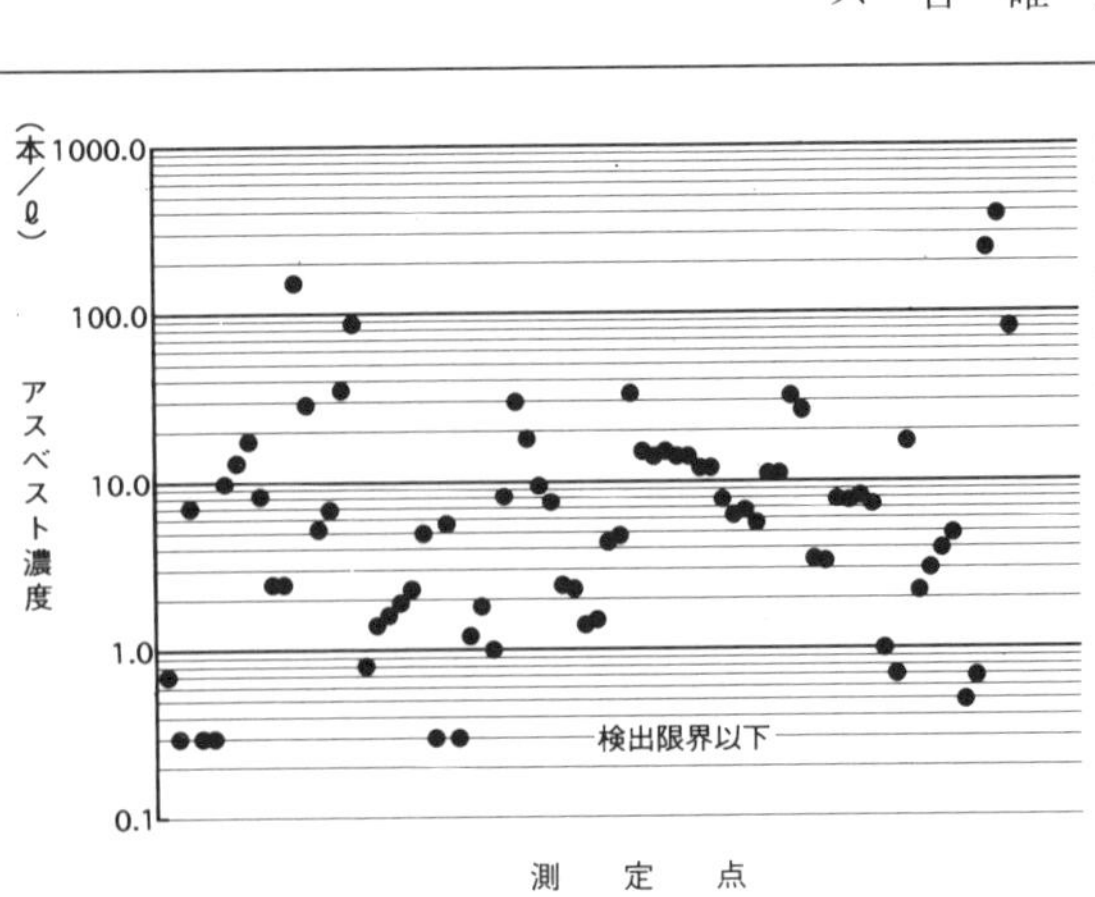

ビルを解体するときのアスベスト対策

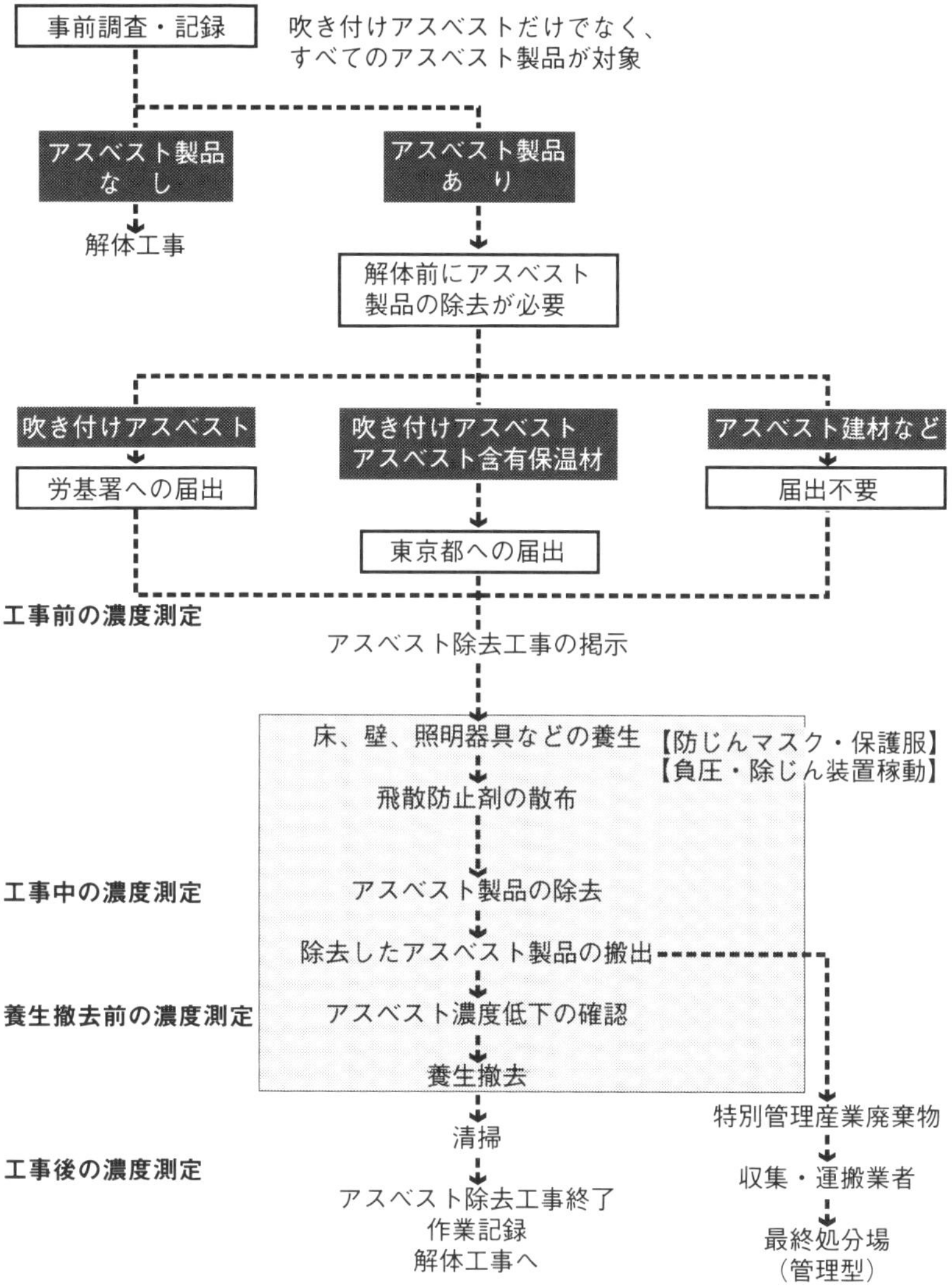
事前調査・記録
吹き付けアスベストだけでなく、
すべてのアスベスト製品が対象
アスベスト製品
なし
解体工事
アスベスト製品
あり
解体前にアスベスト
製品の除去が必要
吹き付けアスベスト
労基署への届出
吹き付けアスベスト
アスベスト含有保温材
東京都への届出
アスベスト建材など
届出不要
工事前の濃度測定
アスベスト除去工事の掲示
床、壁、照明器具などの養生
【防じんマスク・保護服】
【負圧・除じん装置稼動】
飛散防止剤の散布
工事中の濃度測定
アスベスト製品の除去
除去したアスベスト製品の搬出
養生撤去前の濃度測定
アスベスト濃度低下の確認
養生撤去
特別管理産業廃棄物
清掃
工事後の濃度測定
収集・運搬業者
アスベスト除去工事終了
作業記録
解体工事へ
最終処分場
（管理型）

Q30 阪神・淡路大震災でアスベストが問題になったのは、どうしてですか。

九五年一月の地震の後、神戸などでアスベスト濃度が高くなっていることが報道されていました。あれは地震でアスベストが飛散したのですか。

兵庫県南部地震で、一七万棟以上の建物が全半壊しました。その大部分は古い木造家屋で、アスベストはほとんど使われていませんでした。アスベストが使われていたのはビルです。ビルも一四〇〇棟以上が倒壊《とうかい》したと言われています。

地震でビルがこわれたとき、アスベストが飛散したことは十分考えられます。例えば、神戸市東灘区内の青石綿吹き付け鉄骨マンションが倒壊した現場では、鉄骨から剥がれた青石綿（クロシドライト）の塊がガレキの上に点々と落ちていました。むき出しになった鉄骨に残った青石綿吹き付けからも、アスベストが飛散していたでしょう。しかし測定データはありません。

被災地で大問題になったのは、こわれたビルを解体するときのアスベスト飛散です。ビルを解体するときには、まずアスベストが使われていないか調べ、アスベストが使われていれば、飛散防止対策を講じてアスベストを除去する必要があります。ビル解体はその後になります（→Q29）。

倒壊した青石綿吹きつけマンション

ところが被災地では、アスベストが使われているかどうか調べもせず、飛散防止対策もしないまま、あちこちでビルを解体したため、アスベストが飛散してしまったのです。前頁で述べた東灘区の青石綿吹き付けマンションが、九五年二月中旬から解体されました。青石綿が吹き付けられていることが分かっていたのに、散水もシート囲いもなしに解体されました。元請けの現場監督は使い捨ての防じんマスクをしていましたが、十数人の下請け労働者はマスクも支給されていませんでした。解体に際して、油圧式の巨大なハサミで鉄骨を適当な長さに切り、機械で鉄骨を振り回したり、ガレキの上に落としたりしていました。アスベストが吹き付けられたままだと屑鉄業者が鉄骨を引き取らないので、鉄骨の吹き付けアスベストをできるだけ解体現場で取り除こうというわけです。典型的なズサン解体です。この解体現場の敷地境界から約二メートル離れた歩道上で、通行人が歩いているところのアスベスト濃度は、一六〇本あるいは二五〇本／ℓでした。

解体現場から離れるほど、アスベスト濃度は低くなります。それでも、九五年二月、三月には神戸市中央区三宮の繁華街や西宮市役所で、空気一ℓ中のアスベスト濃度が四・九本あるいは六本にもなりました。都内では〇・一本以下ですから、東京の五〇倍から六〇倍以上です。

神戸市、環境庁、労働省などが業者にアスベスト対策の徹底を指示し、九五年三月末から吹き付けアスベスト除去費も公費で支出されるようになりましたが、その後も

石綿吹きつけマンションの解体現場

解体現場のアスベスト濃度

ズサン・違法な解体工事が相次ぎました。これはゼネコンなどが普段の解体工事のときにアスベスト対策を怠ってきたことの表れです。

アスベスト建材などの飛散防止対策がほとんど行なわれていないことも、アスベスト汚染の大きな要因になっています。ビルを解体するとき、アスベスト建材の有無を調査せず、天井や壁にアスベスト建材が使われていてもそのままハンマーで割り、床のピータイルは剥がさずにコンクリートと一緒に粉々に解体している場合がほとんどです。これは明らかに労働安全衛生法違反です。ゼネコンなどの認識が不十分な上、アスベスト建材等の除去費用は公費で支出されないため、違反工事が横行しています。ビル解体によるアスベスト飛散で一番被害を受けるのは、防じんマスクもしないで解体工事に従事している労働者です。十年、二十年後に、肺がん、悪性中皮腫などの被害が急増するおそれがあります。

被災地の住民、特に子どもたちの健康も心配です。一般環境がアスベストで汚染されたときにどの程度の被害が出るのか、被災地で大がかりな「人体実験」をしているようなものです。

Q31 地震に備えて、どういうアスベスト対策が必要ですか。

阪神・淡路大震災後の解体工事でアスベストが飛散しました。ビルの多い東京では、もっとひどいことになりそうです。地震に備えて、どうしたらいいですか。

アスベスト対策がいかにおろそかにされてきたか、阪神・淡路大震災で明らかになりました。もしも東京や大阪を大地震が襲ったら、ビル解体によるアスベスト汚染は今回の比ではないでしょう。阪神・淡路大震災の教訓を活かし、新たな大震災に備えるためには、次のようなアスベスト対策が必要です。

一、普段から、解体・改修時のアスベスト対策を徹底させる

被災地では、吹き付けアスベストを公費で除去できるようになった三月末以降も、除去しないまま解体する例が相次ぎました。大手ゼネコンの現場監督でも、吹き付けアスベストを見てアスベストと判別できないと言われていました。アスベストを除去してから解体するという当たり前のことが、震災前から実行されていなかったからです。これは神戸などに限らず、全国的な実態です。普段からアスベスト対策を実施させていなければ、震災後にやろうとしてもむつかしいのです。

ビル解体で周辺のアスベスト濃度が目立って高くならなくても、解体現場の労働者は高濃度のアスベストにさらされています。解体・改修時のアスベスト調査と記録、負圧・除じん装置など飛散防止対策を徹底させる必要があります。

二、ビル解体届、アスベスト調査員制度を新設させる

ビル解体時のアスベスト対策を実効あるものにするためには、ビル解体届とアスベスト調査員制度の新設が必要です。

現行制度では無届けでビルを解体できます。建築基準法第一五条に除却届の規定がありますが、統計資料になっているだけで、強制力はありません。特化則第三八条の一〇で解体・改修前のアスベスト調査・記録が義務付けられていますが、届出義務はありません。その結果、熊谷組、竹中工務店などの超大手ゼネコンでも、解体前にアスベスト建材等の有無を調査・記録しておらず、指摘されてから慌てて実施しているのが現状です（一九九六年一～三月、アスベスト根絶ネットワークが実施した東京都内の解体現場調査）。

新築時に建築確認申請があるように、ビル解体時にはアスベスト調査結果と飛散防止措置を添付したビル解体届の提出を義務付けさせるべきです。アスベスト調査の公正さを確保するためには、ビル所有者でも解体業者でもない、第三者（有資格者の「アスベスト調査員」）に調査させる必要があります。

三、震災に備えて、アスベストの調査と除去を進め、臨時アスベスト調査員制度を設け、防じんマスクを備蓄《びちく》させる

震災で倒壊したビルからアスベストを除去するとき、完璧を期すのは困難です。つぶれた階のアスベストは除去できません。今のうちにビルなどのアスベストを調査し、除去させるべきです。学校などの吹き付けアスベストを除去せずに薬剤で固めて「封じ込め」たり、天井板で覆う「囲い込み」で済ませたところは、早急に除去させる必要があります。民間ビルの調査・除去を進めさせるためには、助成措置が必要です。

今回の震災では吹き付けアスベストさえ除去せずに解体する例が目立ちました。震災後のビル解体に際しては、行政などの第三者にアスベストを調査させる体制が必要です。そのためには、震災後にアスベストをボランティアで調査する「臨時アスベスト調査員」を養成しておくのが、効果的です。

防じんマスクの製造量はもともと労働者の需要にあわせて設定されています。今回の震災では当初、防じんマスクは市民の手に入りませんでした。薬局やコンビニエンスストアで買えるようになったのは、震災後二カ月以上経ってからでした。普段から、各自治体等には防じんマスクを備蓄させておくべきです。

四、アスベスト製品を使わない運動を広げ、アスベストの使用を禁止する

日本はまだ年間二〇万トンものアスベストを使用しています。これはロシア共和国

に次いで、中国と世界第二位を争う量です。その九割以上は住宅屋根用化粧石綿スレートや工場・倉庫などの波形スレートなど、建材として使われています。アスベストがあれだけ問題になった被災地でも、新築の戸建て住宅の屋根に、いつの間にか、化粧石綿スレートが使われています。

現在では、特殊なパッキン用などを除いて、アスベスト製品は一切必要ありません。建設省、文部省、竹中工務店、大成建設なども、新築時にアスベスト製品は使わない方針を打ち出しています。アスベスト不使用をさらに広げ、アスベストの使用を原則的に禁止することが必要です。

Q32 ビル改修工事でも、アスベスト対策が必要ですか。

ビルの改修工事を予定していますが、床にピータイル、トイレの天井に石綿スレートが使われています。アスベスト飛散防止対策が必要でしょうか。

解体工事でなく改修工事の場合でも、アスベスト製品をはがしたりすれば、アスベスト繊維が飛散します。アスベストが吹き付けられている場合、意図してアスベストをはがしたりしなくても、改修の過程で吹き付けアスベストが飛散するおそれもあります。改修工事の際のアスベスト対策についても、法律で規定されています。

労働安全衛生法に基づいて、特定化学物質等障害予防規則（特化則）が定められています。一九九五年四月から特化則第三八条の一〇が制定され、建物の解体・改修の際には吹き付けアスベストだけでなく、アスベスト建材なども含めてアスベスト製品が使われていないか調査し、使用状況を記録することが義務付けられています。

アスベスト製品がある建物を改修する場合にはどうしたらいいか。改修工事でアスベスト製品を除去する場合には、アスベスト繊維が飛散するおそれがあるので、解体工事の場合（↓Q29）と同様、負圧・集じん機（↓Q26）を稼働させることが必要です。アスベストが吹き付けられている場合には、改修工事に先立って除去しておくべ

調査・記録義務

負圧・集じん機

きです。改修工事で吹き付けアスベストに触らないようにしていても、つい触ってしまうことが多いのです。震災後の神戸などで、そうした例がいくつも見られました。地震でビルが倒壊した後では、吹き付けアスベストをきちんと除去するのはなかなか困難です。そうした意味からも、改修工事による除去をすすめます。

アスベスト製のパッキンやたわみ継手《つぎて》が使われている空調ダクトなどを除去する場合には、アスベスト製品が使われている箇所をポリエチレンシートで覆い、その外側でダクトを切断し、そのままアスベスト廃棄物として処理する方法があります。

配管の保温材などを除去する場合には、グローブバッグで密閉して除去する方法があります。

グローブバッグ
（労働省マニュアルより）

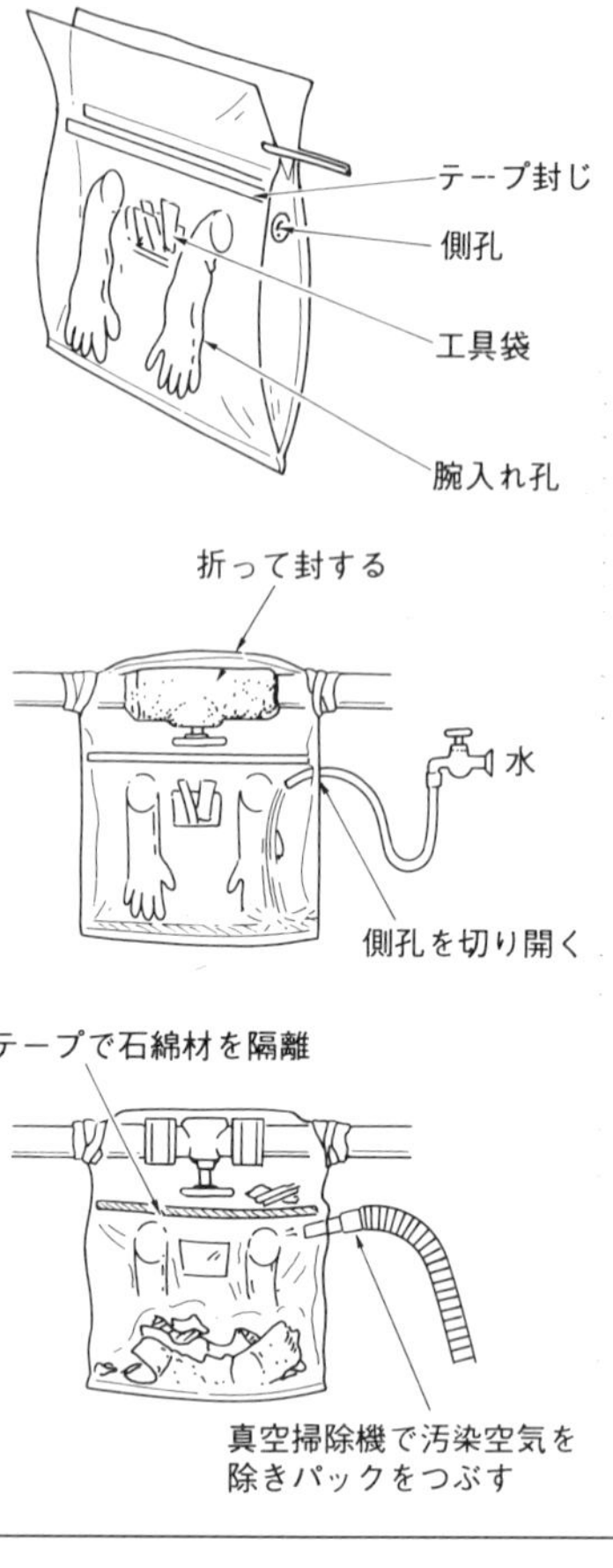

たわみ継手などの除去方法

出典）『アスベストなんていらない』

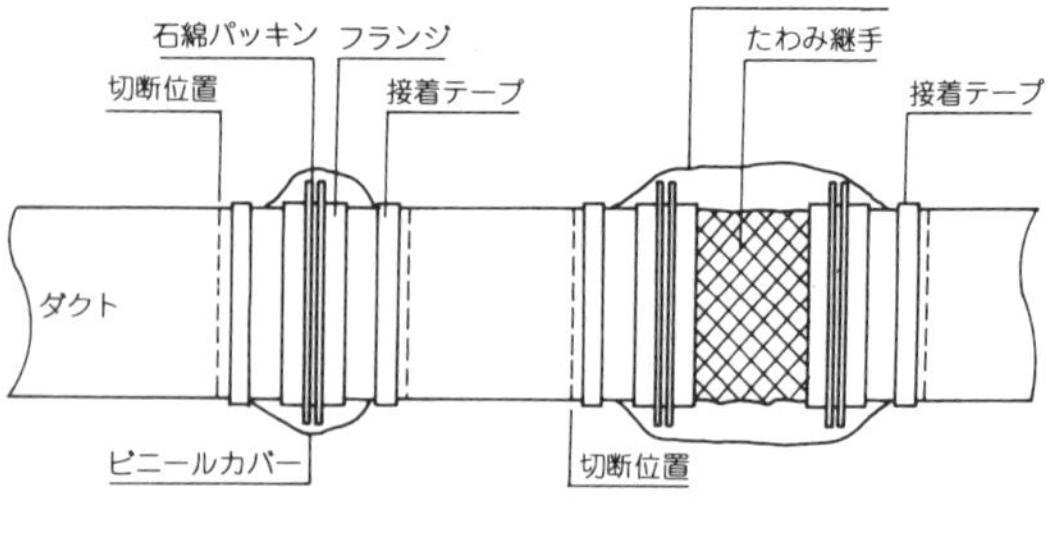

Q33 古くなったスレート瓦や波形スレートは、どうしたらいいですか。

自宅の屋根にコロニアル、物置の屋根に波形スレートが使われています。もう、二〇年くらい経っていますが、取り替える方がいいでしょうか。

石綿スレートの劣化

波形スレートはアスベストをセメントで固めたものです。年月とともに、酸性雨によってセメントが溶け、劣化してアスベスト繊維が飛散するようになります。

コロニアル、フルベストなどの住宅屋根用化粧石綿スレートは、アスベストをセメントで固め、表面に着色層を重ねたものです。年月が経つと、やはり劣化してアスベスト繊維が飛散します。

ドイツでは、波形スレートや化粧石綿スレートの劣化がくわしく研究されています（→Q14）。壁材にくらべて、屋根材は早く劣化することが分かっています。

劣化した波形スレートや住宅屋根用化粧石綿スレートは、アスベスト繊維が飛散するおそれがあるので、できればノンアスベスト製品に取り替えるほうがいいでしょう。ただし、その場合には、飛散防止対策が必要です（→Q32）。屋外作業の場合でも、最低限、アスベスト製品の調査・記録、特化物作業主任者の選任、防じんマスク、湿潤化などの対策が法的に必要です。

住宅屋根用化粧石綿スレートのメーカーは、一〇年に一度は塗り替えるようすすめています。しかし、塗り替えの作業員はアスベスト製品の上を歩き回るわけですから、アスベスト繊維を吸い込むおそれがあります。張り替えのときと同様の飛散防止対策が必要です。

Q34 アスベストの被害が多いのは、どういう職業の人ですか？

アスベスト鉱山労働者、アスベスト製品製造労働者が病気になるのはわかりますが、そのほかの職業でもアスベストで病気になることがありますか？

アスベストの被害は、仕事の直接の対象としてアスベストを扱う職業の人に多いことはいうまでもありません。アスベスト鉱山労働者、アスベスト製品製造工場労働者、アスベスト吹き付け労働者、大工、建築物解体労働者、港湾《こうわん》労働者が挙げられます。アスベスト製品製造工場の労働者については、会社側もごまかしにくいため、他の職業よりは労働災害として認定されやすいようです。日本での認定例としては、アスベスト肺にかかった建築物解体労働者、肺がんにかかった大工や電工、悪性中皮腫にかかったアスベストセメント管製造労働者などがあります。

そのほかに、その仕事をなしとげるためにアスベストを用いる職業の人にも被害が発生しています。造船労働者、断熱・保温労働者、自動車・鉄道車両製造／整備労働者、ゴム製品製造労働者などがこれにあたりますが、その被害は深刻です。

横須賀の造船労働者は「ボイラー本体や蒸気を送る管に断熱材としてアスベストをとりつけたりした。また溶接用の手袋など保護具もアスベストを使って自分たちで作

アスベスト建材を切断する大工

った。火花が飛び散らないよう、アスベストの布で周囲を囲って作業した」といいます。この人たちは、重いアスベスト肺にかかり、損害賠償を求め会社側を告訴しました。彼らは証言台に立つのも苦しい状況にありますが、それでも会社側は損害賠償に応ぜず、裁判で争いつづけています。同じ造船所の重量物運搬労働者も肺がんで認定されていますが、会社側はやはり損害賠償に応ぜず、裁判で争いつづけています。広島の自動車製造労働者の認定訴訟の場合も会社側は逃げ腰でしたが、その労働者が当時エンジンルーム内側にアスベストを取り付けたのと同じ型の自動車が見つかったため、悪性中皮腫に認定されました。

さらに、アスベストを扱わない職業に携《たずさ》わる人にも、その職場環境にアスベストが含まれているために被害が発生しています。ボイラー運転管理・整備労働者、発電労働者、プラント労働者、船の乗組員（船員、軍人）、学校労働者（管理作業員、教員）などが該当します。四国の火力発電所の労働者の場合、「定期検査時には、ボイラー室内は断熱材・絶縁体として用いられたアスベストの粉じんが充満している状態で、さらに修理作業に伴い、新たにアスベストが粉じんとなって飛散する」という状況で四〇年にわたって働き、在職中に悪性中皮腫で死亡しました。イギリスやオーストラリアでは、学校の教員がアスベストスレートや暖房ダクトのために悪性中皮腫になって死亡しています。

ここに列記した職業は実際に被災者が報告されているものですが、ほかの職業もア

アスベストを使う造船所溶接工

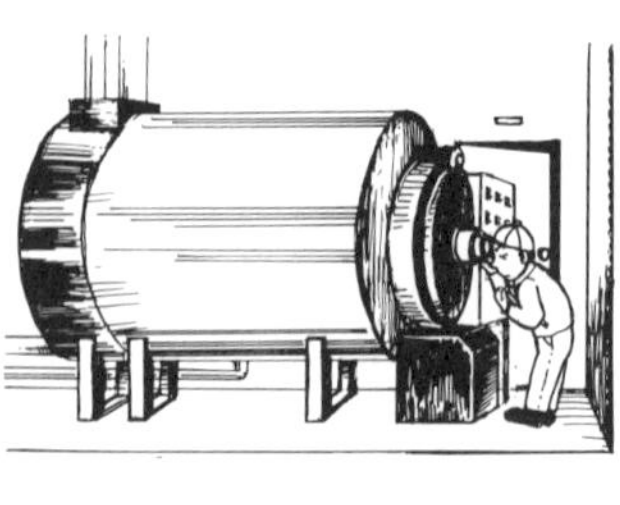
ボイラー室のアスベストに触れる点検口

スベストによる危険から自由であるとは言いきれません。とくにこれから被害が顕在化する可能性がある職業として、廃棄物処理にたずさわる労働者、俳優など舞台芸術関係者、消防士などが考えられます。被災者の家族にも作業服の持ち帰りなどを通じて被害が発生しており、事態《じたい》をいっそう深刻なものにしています。

苦しんで死んだ夫に何よりの供養が出来ました

わたしの主人は、呉造船の下請けで働いていました。入社して退職するまで石綿の作業をしていました。仕事をやめて以来、エヘンエヘンという咳を一分間おき位にしており、夜も昼も咳はよくしておりました。

町の検診で「肺繊維症」という病名の通知が届き、二年位、呉共済病院にかかりましたが治療のかいもなく亡くなりました。呉造船で働いていた人で、主人の仕事をよく知っている人が「職業病」で死んだのだと言われましたが、どうすることもできませんでした。

思い起こせば、平成三年七月にアスベスト一一〇番の記事を新聞で見て、センターに相談に伺いました。いろいろと調査をしていただき、労災申請を行ないました。

その後はセンターの事務局長さんや皆様のおかげで認定になりました。皆様の並々ならぬご苦労があった事と思います。亡き夫の供養が出来たことを心より感謝しております。わたしにとって一生ご恩は忘れることはできません。ありがとうございました。

——江田島町在住　被災者の妻

造船所労働者のアスベスト被災状況

ボイラー修理工、断熱工の場合、生存者の八人に一人がじん肺で労災認定。一〇人に三人が慢性気管支炎。

ボイラー修理工は肺がん死亡率が通常の二倍、中皮腫は五九倍。断熱工の肺がんは三倍。

(一九九六年三月、造船退職者健康調査研究班調べ)

Q35 仕事でアスベストを吸い込まないようにする方法は？

仕事でアスベストを扱っています。ガーゼマスクや防じんマスクをかければ、アスベストを吸わずにすむのでしょうか？何か特別の対策がありますか？

アスベストを取り扱いながら「全く吸わないでいる」ことは不可能に近いと言えましょう。アスベストを吸わないための最善の方法は、アスベストを使わないようにすることです。建材をはじめ大部分のアスベスト製品について、ノンアスベストの代替品が販売されています（一四七頁）。大工さんなどで、自分の扱っている材料にアスベストが含まれているかどうかわからないときは、Q28を参照してください。

どうしてもアスベストを使わざるを得ないときには、できるだけアスベストを吸い込まないような対策が必要になります。アスベスト（アスベストを一パーセントを超えて含有するものを含む）を製造し、または取り扱う場合には、労働安全衛生法、特定化学物質等障害予防規則（特化則）に基づいて、特定化学物質等作業主任者を選任し、労働者がアスベストを吸い込まないよう対策をとることが事業者に義務づけられています。

一つの対策は、アスベストを取り扱う工程を密閉してしまうことです（この場合でも、点検や段取りがえの際には開放しなければなりません。その場合、防じんマスクや保護服などが必要になります）。

それもできないときは、「局所《きょくしょ》排気装置」（厨房《ちゅうぼう》のフードのようなもの）と「除じん装置」（フィルターを中心に構成したもの）を用いて、作業場内のアスベスト濃度をできるだけ低くします（ただし、多少なりとも外気を汚してしまっていることを忘れないでください）。

新築工事などでアスベスト建材を使う場合の対策について、労働省は「石綿含有建築材料の施工における作業マニュアル」を発行し、除じん装置付き電動丸のこの使用、メーカーでのプレカットなどの対策を打ち出しています。

アスベストを吸い込まないようにするには、防じんマスクも必要です。アスベストは非常に細い繊維なので、ガーゼマスクでは役にたちません。国家検定を受けた防じんマスクを使用することが義務づけられています。しかし防じんマスクをしていても、アスベストを一〇〇％防げるわけではありません。粉じんの九五％を防げれば国家検定に合格します。アスベストの五％を吸い込んでいる可能性があるのです。アスベスト除去工事などでよく使われている半面型防じんマスクでも、粉じんの捕集《ほしゅう》効率は九九％程度です。米国ではアスベスト除去工事労働者のアスベスト被害が憂慮され、捕集効率の高い携帯型の送気マスクが使われていますが、これが最適です。

また、衣服についたアスベストを作業場外に持ち出さないよう、専用の保護服を着

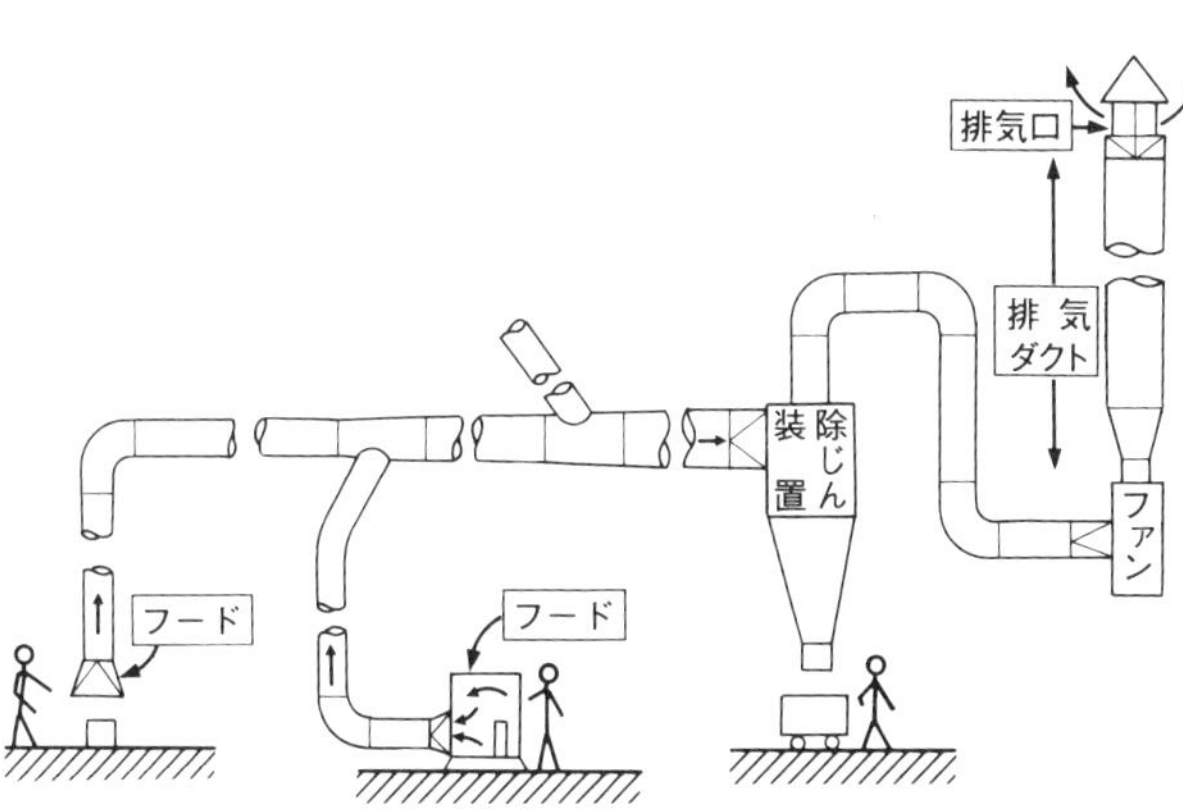

除じん装置の付いた局所排気装置

用し、作業場から離れる前に全身を洗身しなければなりません。このときシャワーに用いた水は、アスベストを漉《こ》しとってから排水します。保護服を作業場外に持ち出してはいけません。

これらの対策の具体的な方法については、労働安全衛生コンサルタントが相談に応じています。もよりの労働基準監督署におたずねください。

アスベストまたはアスベストを１％をこえて含有する製剤を取扱う作業に義務づけられた対策

項　目	規　定	規定の内容	罰則
解体等の事前調査	特38条の10	解体・改修前に石綿の使用箇所・状況を調査、記録	あり
吹き付け石綿除去工事の届出	則90条	14日前までに労基署に計画を届出る義務	あり
特化則作業主任者 職務 掲示	法14条、特27条 特28条 則18条	石綿を製造／取扱う作業に選任義務 労働者の被ばく防止、装置の点検、保護具使用の監視など 特化則作業主任者氏名と職務を掲示	あり
飛散防止	特５条 特７、８条 特38条の11	屋内作業場では、発散源を密閉する設備／局所排気装置／全体換気装置／湿潤化等が必要 局所排気装置の要件（2,000本／ℓ以下）、作業中の稼働など 石綿吹き付け建築物の解体等の作業場所の隔離	あり あり あり
防じんマスク	特38条の９	呼吸用保護具の使用	あり
作業衣、保護服	特38条の９	作業衣または保護服の使用	あり
クリーンルーム	特38条	洗眼、洗身またはうがいの設備、更衣設備、洗たく設備	あり
湿潤化	特38条の８	石綿等の切断、せん孔、研磨等の作業、石綿等を塗布、注入、張り付けた物の破砕、解体等の作業などの時	あり
休憩室	特37条	作業場以外の場所に休憩室。ブラシなど汚染防止対策	あり
立入禁止	特24条	関係者以外立入り禁止措置、表示	あり
喫煙等の禁止	特38条の２	作業場内での喫煙・飲食禁止、表示	あり
掲示	特38条の３	石綿の人体への作用、注意事項、保護具を掲示する義務	あり
濃度測定	法65条、特36条	６ヵ月ごとに屋内作業場の作業環境測定。記録を30年保存	あり
容器等	特25条	運搬・貯蔵する時、堅固な容器／確実な包装。表示	あり
ぼろ等の処理	特12条の２	汚染されたぼろ、紙くず等はふた又は栓をした不浸透性の容器に納める	あり
床	特21条	不浸透性の材料で作る義務	あり
安全衛生教育	法59条、則35条	事業者に労働者の安全衛生教育義務	あり
健康診断	法66条、令22条 特39条～41条	石綿製造・取扱い作業に常時従事する労働者に対し、６ヵ月毎に（配転後も）Ｘ線直接撮影など。30年保存	あり
作業の記録	特38条の４	常時従事する作業者の氏名、作業の概要・期間などを記録、30年保存	あり

「規定の内容」欄の／は、「または」の意味　法：労働安全衛生法　令：労働安全衛生法施行令　則：労働安全衛生規則　特：特定化学物質等障害予防規則

Q36 アスベストによる病気が心配です。検査方法は？

職場でアスベストを扱っています。肺がん、悪性中皮腫、アスベスト肺などの病気になるおそれがあるそうですが、どういう検査を受ければいいのですか。

職業としてアスベストを扱っていることがはっきりしている場合、特定化学物質等障害予防規則に基づく健康診断を受けることになっています。過去に取り扱ったことのある人も同様です。いずれも六カ月以内ごとに一回、定期に行なうことになっています。じん肺法に規定されている「粉じん作業」に該当する場合には、じん肺法に基づく健康診断も受けることになっています。もし会社から受診するように言われていないとしたら、会社に要求できます。

ですから、健康診断の項目をそれ以上ふやしても、あまり効果はないと考えられます。むしろこうした健康診断を事業者任せにしないで、労働者の信頼のおける専門医に実施してもらうことや、健康診断の結果をありのままに本人に伝えてもらうこと、日頃から気軽に健康相談ができることなどがより重要だといえましょう。専門医については、相談窓口（一五六頁）にご相談ください。

また同じような職業に就いている（就いていた）労働者どうしで交流をすすめ、病

じん肺法が規定する粉じん作業
（アスベスト関係）
「石綿をときほぐし、合剤し、紡績し、紡織し、吹き付けし、積み込み、若しくは積み卸し、又は石綿製品を積層し、縫い合わせ、切断し、研まし、仕上げし、若しくは包装する場所における作業」

気の予防につとめることをおすすめします。そして不幸にして病気になったとき、すみやかに労災申請ができるよう、作業の態様や時期をこまめに記録しておかれたらよいでしょう。

最後に、あなたが喫煙の習慣を続けておられるなら、この頁を見た日からやめるよう、おすすめします。アスベストとたばこの両方を吸うと、その相乗効果で肺がんにかかる可能性が高くなるからです。

石綿扱う工場の退職者ら
結束し自主健診運動

発がん性のある石綿（アスベスト）を扱う従業員に対し、企業は特別の健康診断を受けさせる義務があるが、退職後は健康管理の網から抜け落ちてしまうため、元工場労働者らが「アスベスト被害を考える会」を結成、自主的な定期健康診断を始めた。石綿被害の潜伏期間は二十―四十年程度と長く、退職後に肺がんなどを発症する危険性も大きい。全国労働安全衛生センター連絡会議は「健康は自分たちで守ろうという取り組みで、全国的にも珍しい」と評価している。

会を結成したのは、東京・丸の内に本社のある工業用製品メーカーの工場で働いていた元従業員たちだ。この工場では以前、石綿製品を製造しており、当時作業に従事した従業員らが次々と定年を迎えている。その一人である中丸武夫さん（六三）＝神奈川県在住＝が「退職後にがんにかかる仲間が多いようだ」と不安を感じ、昨春、全国安全センターなどが実施した「アスベスト一一〇番」に相談したのがきっかけとなった。

昨年七月に結成された会には、この工場の退職者ら約三十人が参加。石綿の被害や健康管理についての正しい知識を得ようと、専門医を招いて勉強会を開いた。さらに「退職者には在職中のような定期健康診断の機会がない。自分たちで健康管理をしよう」と集団健診も開始。この冬までに三回実施するなど、活動も軌道に乗ってきた。中丸さんは「いたずらに不安に思っていても仕方がない。早期発見、早期治療のために活動を始めた」と話す。

また、会の発足と同じころ、定年退職した男性（当時六一）が悪性腹膜中皮腫で死亡。遺族は会のメンバーとも連絡をとりながら、昨年八月に労災を申請。先ごろ認定通知が届いた。

こうしたなかで、会社側も退職者の健康診断に乗り出した。OB会を通じて呼びかけた結果、二十人が受診。同社は「今後も会社側の費用負担で続けていくつもり」という。

会の活動を支援してきた神奈川労災職業病センターの川本浩之さんは「退職者については、企業に健康管理の義務がない。それだけに、こうした自主健康診断の取り組みが各地に広がっていけば」と話している。

（『朝日新聞』1993年12月10日）

石綿作業者の健康診断の内容

管理対象	石綿等を製造し、又は取り扱う作業者		じん肺法施行規則別表24に該当する石綿粉塵作業者
法的規制	特定科学物質等障害予防規則（第39条）（労働安全衛生法）		じん肺法（第7～9条） じん肺法施行規則（第4～5条）
健康診断	別表第三－八	1.業務の経歴の調査 2.石綿によるせき、たん、息切れ、胸痛等の自覚症状の既往の有無の検査 3.せき、たん、息切れ、胸痛等の自覚症状又は他覚的所見の有無の検査 4.胸部のX線直接撮影による検査	1.粉じん作業歴の調査 2.胸部のX線直接撮影による検査 3.胸部臨床検査（労働省令で定める方法） 4.合併症に関する検査（労働省令で定める方法） 5.肺機能検査（労働省令で定める方法）スパイロメトリーおよびフローボリューム曲線による検査、動脈血ガスを分析する検査
	別表第四－九	1.作業条件の調査 2.胸部のX線直接撮影による検査の結果、異常な陰影（石綿肺による繊維増殖性の変化によるものを除く）がある場合で、医師が必要と認めるときは、特殊なX線撮影による検査、喀痰細胞又は気管支鏡調査	
健康診断回数	6月以内に1回		3年に1回：常時粉じん作業に従事している労働者で管理1の者および、現在粉じん作業についていない管理2のもの 1年に1回：管理2及び管理3で常時粉じん作業に従事している労働者および現在粉じん作業についていない管理3のもの。
その他	イ.雇入れ時健康診断 ロ.当該業務への配置替え時健康診断 ハ.定期健康診断（現業者、当該業務よりの配置転換者）		イ.就業時健康診断 ロ.定期健康診断（現業者、離職者） ハ.定期外健康診断 ニ.離職時健康診断

出典）『産業保健Ⅱ』

Q37 アスベストによる病気の労災補償を受けるには？

大工をしていた父親が肺がんで亡くなりました。アスベストが原因ではないかと思うのですが、労災補償を受けるにはどうしたらいいのですか。

労災補償（労働者災害補償保険）給付には、治療のための「療養《りょうよう》補償給付」、休業中の生活補償のための「休業補償給付」、一年半の治療を経ても治癒せず、傷病《しょうびょう》等級第一級から第三級に該当する場合の「傷病補償年金」、後遺障害がある場合の「障害補償給付」、在宅で介護を要する場合の「介護補償給付」及び死亡した場合の「遺族補償給付」と「葬祭料《そうさいりょう》」があります。これからの給付を受けるためには、請求書を労働基準監督署長に提出しなければなりません。災害の発生状況などに関する事業主の証明と、医師など診療担当者の証明が必要です。なお、一般の労働者の場合には事業主が労災保険に加入しますが、いわゆる「一人親方」の場合には特別加入の途がひらかれています。

アスベストによる病気は一般に潜伏期間が長いので、退職後に発病したり、以前に勤務していた場所でアスベストを吸い込んだ人が発病したりすることが往々にしてあります。また労災申請をしようと思ったときには、勤めていた会社がなくなっている

じん肺管理区分

管理区分		じん肺健康診断の結果
管理1		じん肺の所見なし
管理2		X線写真像が第1型でじん肺による著しい肺機能の障害がない
管理3	イ	X線写真像が第2型でじん肺による著しい肺機能の障害がない
	ロ	X線写真像が第3型または第4A、4B型（大陰影の大きさが1側肺野の3分の1以下）でじん肺による著しい肺機能の障害がない
管理4		①X線写真像が第4C型（大陰影が1側肺野の3分の1以上）
		②X線写真像が第1、2、3型または4A、4B型で、じん肺による著しい肺機能の障害がある

こともめずらしくありません。肺がんや悪性中皮腫など、存命中は治療や看護に追われて、本人が亡くなってから遺族が労災補償を請求することもあるでしょう。こういう場合の手続きについては、まず相談窓口（一五六頁）にご相談ください。ここではごく全体的な流れだけを説明します。

具体的な手続きは、①アスベスト肺の場合、②肺がんや悪性中皮腫の場合、③喉頭がんなど、肺がんや悪性中皮腫以外のがんの場合でそれぞれ異なります。

①アスベスト肺の場合には「じん肺法」が適用されるため、都道府県労働基準局長がじん肺の管理区分を決定することが前提になります（常時粉じん作業に従事する〈していた〉労働者は、いつでもじん肺の管理区分の決定を申請することができます）。ここで「管理四」と決定された場合、あるいは「管理二」か「管理三」と決定された場合で、じん肺法施行規則に規定された合併症《がっぺいしょう》（肺結核、結核性胸膜炎《きょうまくえん》、続発性気管支炎、続発性気管支拡張症、続発性気胸）がある場合には、労災として認定されます。

②肺がんや悪性中皮腫の場合には、これらの病気がＩＬＯ「業務災害の場合における給付に関する条約」（第一二一号）の付表に規定されているため、比較的容易に労災として認定されます。この場合アスベストを吸い込んだときの作業内容や従事歴を明らかにすることが必要です。またじん肺の所見がない場合には、そのほかに、発病の原因がアスベストであることを証明するため、肺組織の一部を採

じん肺管理区分と措置

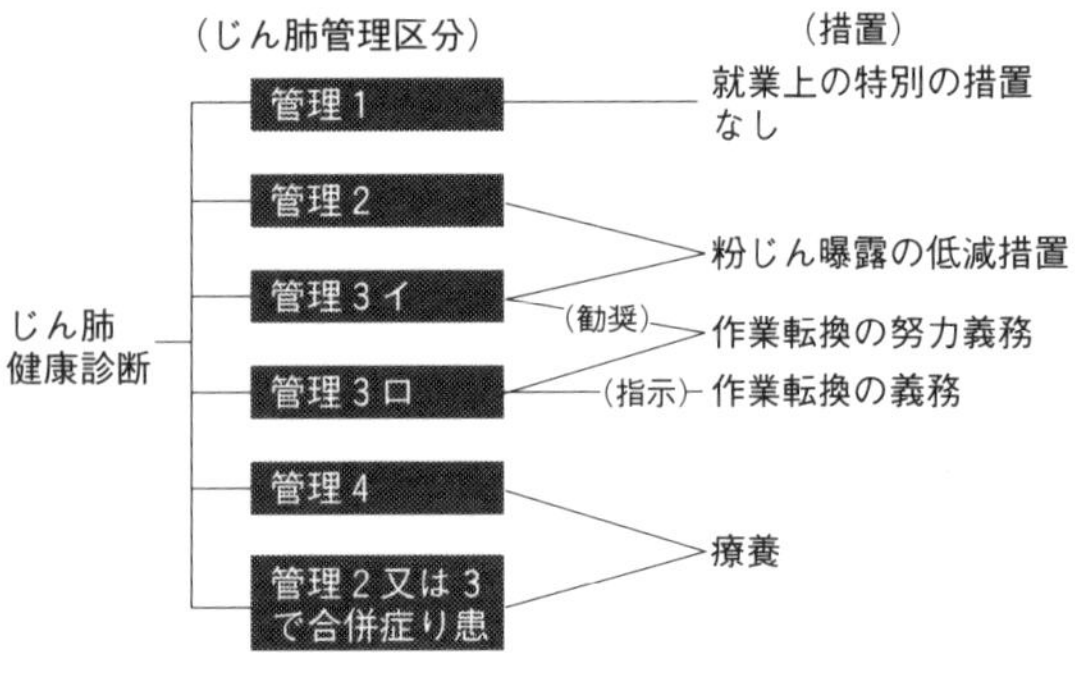

りその中のアスベスト繊維数を調べることが必要になったりします。
③その他のがんの場合には、それが「アスベストによる病気である」ことを証明する責任は請求者にあるとされています。この場合も、人体組織の中にあるアスベストの同定が必要になるでしょう。喉頭がんを除いては、アスベストとの関連を明確にする研究結果はまだ出ていないようです。
次頁に労働省の現行の認定基準を掲げておきましたが、これはあくまで行政機関が設けた暫定的《ざんていてき》な枠にすぎず、これにとらわれてあきらめる必要はありません。また医師が診断に際してつける病名にもいい加減なものがありますから、「病名がちがうから労災として認定されない」と決めつけてあきらめる必要もありません。

ともあれ、労災認定を受ける手続きはきわめて煩雑《はんざつ》で、とりわけ病身にはつらいものがあります。こうした困難をのりこえて、後に続く人を確実に救済するためにも、専門の相談機関の協力を得ることをおすすめします（一五六頁に相談窓口の一覧表があります）。

労災認定とはちがいますが、今後は製造物責任による不法行為責任の追及も検討されてよいのではないでしょうか。

石綿肺および石綿による肺がん、中皮腫の認定基準

石綿肺 ＊1）でなおかつ2）-a、又は2）-bであれば認定 1）石綿曝露作業に従事している、または従事したことがある。 2)-a じん肺管理区分の管理４（前頁の表参照） 2)-b 管理２又は３で、石綿肺がもとで合併症（結核、胸膜炎、気管支炎、気管支拡張症、気胸）がある。
肺がん ＊1）から3）までのいずれかに該当すれば認定 1）石綿肺がある。 2）石綿肺の所見はないが石綿曝露10年以上で、なおかつ臨床所見（肺の持続性捻髪音、胸膜肥厚、喀痰中石綿小体など）がある。 3）石綿肺の所見はないが石綿曝露10年以上で、なおかつ病理所見（肺のびまん性繊維性増殖、胸膜肥厚又は石灰沈着、肺組織の石綿繊維又は石綿小体）がある。 4）上記以外で石綿曝露が比較的高濃度かつ短期又は間欠的である場合（石綿吹き付け、石綿製品での断熱被覆、石綿製品を被覆材又は建材として用いた建物・船舶補修又は解体。石綿製品の加工工程での切断などと同程度の石綿粉じん曝露がある作業）。 →労働省が検討し、ケースバイケースで業務上外を判断
悪性中皮腫 ＊A-1）又はA-2）に該当すれば認定 A　胸膜又は腹膜の中皮腫 1）石綿曝露５年以上で、なおかつ石綿肺がある。 2）石綿曝露５年以上で、なおかつ病理所見（肺のびまん性繊維性増殖、胸膜肥厚又は石灰沈着、肺組織の石綿繊維又は石綿小体）がある。 B　上記に該当しない中皮腫、又は心膜の中皮腫、あるいは病理所見が得られているが診断困難である中皮腫。 →労働省が検討し、ケースバイケースで業務場外を判断

Q38 ヨーロッパでは使用禁止になっているそうですが。

ドイツの友人から、アスベストはヨーロッパ各国で使用禁止になっていると聞きました。何カ国が禁止しているのですか。アメリカは禁止していないのですか。

ヨーロッパではは やくも一九八〇年に、ノルウェーとデンマークがアスベストの使用を原則として禁止しています。スウェーデン、スイスがこれに続き、九〇年代に入って、フィンランド、ドイツ、イタリア、オランダが使用を禁止しました。九五年現在、この八カ国がアスベストの使用を禁止しています。

イギリス、フランス、米国、オーストラリアでは、使用を禁止する法律はありませんが、実際にはほとんど使われなくなっています。早くからアスベストを大量に使用し始めた欧米諸国では、アスベストによる被害がすでに頻発《ひんぱつ》しているからです。例えばイギリスでは、すでに一九九一年に、年間一〇〇〇人以上の人が中皮腫で死亡し、年間死亡数は二〇二〇年ごろまで増え続け、男性の百人に一人はアスベストが原因で死亡すると予測されています（↓Q13）。

こうした事実を背景に、イギリスやフランスも含め、欧州連合（EU）全体で白石綿（クリソタイル）以外のアスベストの使用は禁止されています。白石綿も、おもち

アスベスト使用禁止状況

国名	内容
ノルウェー	1980年から、原則として禁止
デンマーク	1980年から、原則として禁止
スウェーデン	1982年から、職場環境での使用を原則的に禁止 1992年から、職場以外でも禁止
フィンランド	1992年から、原則禁止
ドイツ	1991年から、製造・使用を広範囲に禁止 1993年から、大部分の製造・使用を禁止
スイス	1985年から、原則禁止
イタリア	1993年から、禁止
オランダ	1993年から、一切禁止

や、吹き付け材、塗料、屋根のフェルトなど一四項目への使用は禁止されています。

アメリカ合衆国環境保護庁（ＥＰＡ）は一九八九年、翌年からアスベストの使用を段階的に禁止する規則を公布しました。窮地に追い込まれたカナダ、米国のアスベスト業界はこれを不服として提訴し、一九九一年、米国第五巡回高等裁判所はＥＰＡの規則を無効とする判決を下しました。この判決は、「まず、より負担の少ない選択肢について検討し、その後それらを取捨選択する」のをＥＰＡが怠ったことを規則無効の最大の理由とするもので、アスベストの発がん性と対策の必要性は認めています。米国ではマンビル社をはじめ多くのアスベスト企業が被害者に訴えられ、破産しています（↓Ｑ４）。アスベストの発がん性は広く知られており、ＥＰＡの規則が無効とされた九一年以降もアスベスト使用量は減少し、九二年には約三万トン、ピーク時のわずか四％にまで低下しています。米国鉱山局の年次報告でも、九二年からアスベストの項目はなくなってしまいました。

日本では、欧米諸国に比べるとアスベスト被害者はまだ少ないようですが、胸膜の悪性中皮腫による死亡者は、十年間に三・八倍に急増しています。今後、イギリス、フランスと同じように、年間一〇〇〇人以上が悪性中皮腫で死亡するようになる可能性があります。アスベストによる病気は潜伏期間が長いため、今、使用を禁止しても、被害者が何十年も発生し続けることが予想されます。一日も早く、日本でもアスベストの使用を禁止すべきです。

ＥＵのアスベスト規制（一九九三年）

クロシドライト、アモサイト、アンソフィライト、アクチノライト、トレモライト（製品）の販売、使用を禁止。

おもちゃ、吹き付け材、塗料、含有率二％超の道路被覆材、屋根のフェルトなど一四項目のクリソタイル製品の販売、使用も禁止。

米国では使用量が激減

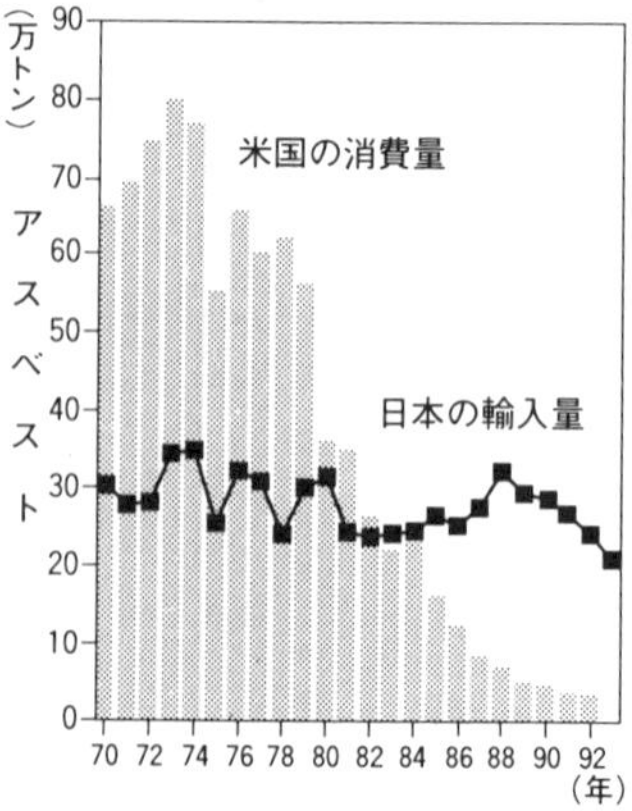

Q39 代替品はありますか。

アスベストは発がん物質なので、使用禁止に賛成です。でも、代替品はあるのでしょうか。代替品の安全性は確認されているのでしょうか。

アスベストの使用が禁止あるいは激減している欧米諸国を中心に、アスベスト代替《だいたい》品の開発が進められています。日本でも、すでに種々の代替品が販売されています。現在では、高圧・高温用のパッキンなどごく特殊なものを除いて、すべて代替品があり、アスベストは必要ありません。

鉄骨の耐火被覆、ビルの断熱・防音用などの吹き付け材は、一九七五年以降、アスベストの使用が原則的に禁止され、ロックウール（岩綿）が使われるようになりました（ただし、七五年以降もロックウールにアスベストを混ぜた場合があります）。

自動車、バイクなどのブレーキ、クラッチフェーシングなどには、アスベスト代替品としてガラス繊維、アラミド繊維などが使われています。欧州向け小型車のブレーキライニングはすでに一九八四年からノンアスベスト化していたのに、国内向け小型車用がノンアスベスト化されたのは、一九八七年のことでした。

現在、アスベストの九割以上は建材に使われていますが、建材のノンアスベスト化

建材の代替品

も進められています（一五一頁の付録③「ノンアスベスト建材リスト」参照）。内装材では、一九八六年にアスベスト含有ピータイルの生産が中止され、その後はノンアスベストのピータイルが生産されています。けい酸カルシウム板も、厚型は一九八九年から、薄型は一九九三年から、ノンアスベスト化されています。外壁に使われるサイディング材も、一時はアスベスト製品が多かったのですが、最近はノンアスベスト製品が主流になっています。

倉庫や工場などの屋根・外壁、鉄道のプラットホームの屋根などによく使われる波形スレートの代替品は、浅野スレートが販売しています。折板《せっぱん》と呼ばれる金属性の波形屋根材もよく使われています。

現在、アスベスト建材の中で一番生産量が多いのは、住宅屋根用化粧石綿スレートです。その代替品は積水化学工業、ニチハ、大建工業、クボタなどから販売されています。昔から使われている粘土瓦、厚形スレート、セメント瓦、アスファルトシングルなどの住宅用屋根材も、ノンアスベスト製品です。

こうした建材用の代替品には、パルプ、ビニロンなどが使われています。ビニロンは日本で開発された合成繊維ですが、海外でアスベスト代替繊維として注目され、日本でも代替繊維として使われるようになりました。

代替品の安全性

代替繊維は安全性が十分確認されないまま使われているのが現状です。

アスベストなどの鉱物繊維を肺に吸い込むとなぜがんができるのか、よくわかって

代替品の開発状況

アスベスト製品の種類		販売開始時期	代替繊維の種類
吹き付け			ロックウール
建　材	けい酸カルシウム板	86年	ガラス繊維、有機繊維
	サイディング材	88年	パルプ繊維、ガラス繊維
	波形石綿スレート	92年	
	住宅屋根用化粧石綿ｽﾚｰﾄ	89年秋	ＰＶＡ*繊維、パルプ
	ピータイル	86年に代替化完了	
摩擦材	ディスクパッド	79年　米国向け（芯材にｱｽﾍﾞｽﾄ）	スチール繊維
		86年　国内・小型車	スチール繊維、アラミド繊維
	ブレーキライニング	84年　欧州向け・小型車	ガラス繊維＋アラミド繊維
		87年　国内・小型車	ガラス繊維＋アラミド繊維
		90年　国内トラック（実用試験）	不明
	クラッチフェーシング	83年　タクシー用	ガラス繊維＋アラミド繊維
ジョイントシート		84年	アラミド繊維中心
紡　織　品			ガラス繊維、アラミド繊維、セラミック繊維、炭素繊維

*ポリビニルアルコール

いませんが、繊維に発がん性があるかどうか判断するときの基準が四つあります。

第一に、その繊維がヒトの肺に吸い込まれるかどうかです。太い繊維は鼻、咽喉《いんこう》などの表面の粘液や、気管、気管支の繊毛《せんもう》によって排除されます。太さ三ミクロン（一ミクロンは千分の一ミリ）以下、長さ〇・二ミリ以下の繊維は肺の奥まで吸い込まれやすく、排除されません。太さ一〇ミクロン以上の繊維は肺の奥まで吸い込まれることはありません。

ロックウールや普通のガラス繊維は太いので、肺の奥まで吸い込まれないと考えられています。ガラス繊維が皮膚などを刺激するのは、太さ五ミクロン以上の繊維が原因とされています。ガラス繊維の中には太さ〇・一ミクロン程度の非常に細いものがあり、これは肺の奥まで吸い込まれます。

セラミック繊維、フォスフェート繊維、チタン酸カリウム、けい酸カルシウム繊維は細いので、肺の奥まで吸い込まれます。

炭素繊維やアラミド繊維などの人造有機繊維は太いので、そのままでは吸い込まれません。しかし縦に割れて細くなった繊維は吸い込まれます。

第二に、肺の奥まで吸い込まれた繊維が分解されずに残るかどうかです。ロックウール、ガラス繊維はアスベストにくらべて分解されやすいことがわかっています。

第三に、分解されずに残った繊維が発がん性を示すかどうかです。いろいろな繊維を動物の腹部に注射した結果、太さ〇・二五ミクロン以下、長さ八ミクロン以上の繊維は発がん性が強く、二ミクロン以上の太い繊維は発がん性が非常に弱いことが示されています。

第四に、吸い込んだ人が実際にがんになったかどうかです。ロックウールや普通のガラス繊維が使われ始めて一〇〇年にも満たない段階ですが、製造労働者の疫学調査の結果、発がん性は確認されていません。天然の鉱物繊維であるエリオナイトは、動物実験でも、疫学調査でも、中皮腫を引き起こすことが知られています。ほかの代替繊維についてはデータが少ないので、はっきりしたことはわかっていません。

このように、ロックウールや普通のガラス繊維は、少なくともアスベストより発がん性が低いと考えられますが、エリオナイトは発がん性があります。他の代替繊維については、早急に調査する必要があります。労働省は一九九二年に、労働者がロックウール、ガラス繊維を吸入しないよう、対策を指導しています。

Q40 国や自治体も、まだアスベスト建材を使っていますか。

アスベストの使用を禁止するために、まずアスベスト建材を使わないようにするべきだと思います。国や地方自治体の方針はどうなっているのでしょうか。

現在、日本で使われているアスベストの九割以上は建材用ですから、建材がすべてノンアスベスト製品になれば、アスベスト使用量は十分の一以下になります。

建設省は庁舎建設工事の際、ノンアスベスト製品を指定しており、アスベスト製品等は使っていないとしています。他の省庁も同様と思われます。

東京都のアスベスト製品不使用政策

自治体では、東京都が一九八九年の「アスベスト対策大綱」で、他に先駆けて都の建物などでアスベスト製品の不使用を打ち出しました。一九九五年一月から改正・施行された東京都公害防止条例では、民間に対しても「設計等においては、石綿含有材料の使用の削減及び石綿含有量の少ない建材の使用に努め、石綿含有材料の使用状況に関する事項を設計図書に記録し、解体するまで保存すること」「石綿含有材料を工事現場に保管するときは、それ以外の建材と区別し、飛散防止措置を施すこと。石綿含有材料の保管場所であること、飛散防止その他の取扱上の注意事項を記載したものを掲示すること」を求めています。

大阪府も、一九九〇年の「大阪府アスベスト建材対策暫定指針」で、(1)アスベスト代替品あるいはアスベスト含有率を低減化したものを使用する。(2)アスベスト建材を使用する場合、できるだけ現場加工を避け、現場加工する際には集じん装置付加工機の使用、作業場所の隔離・負圧化。(3)建築時に使用したアスベスト建材の種類、使用箇所、使用量等の記録・保管、を求めています。

震災後のビル解体でアスベスト飛散が大きな問題になった神戸市は、住民らの要望に沿って、一九九五年五月一日付の「震災に伴う家屋解体・撤去工事におけるアスベスト粉じん対策に係る基本方針」でノンアスベスト建材の普及促進を打ち出しています。

こうした自治体のノンアスベスト方針は、自らが建設する建物については実行できますが、民間建築物にはほとんど効果をあげていないのが実状です。都内でも、大阪、神戸でも、新築される戸建て住宅の屋根に化粧石綿スレートが目立っています。アスベストの危険性、アスベスト製品の実態、ノンアスベスト製品に関する情報などを住民に積極的にPRしてこなかったからです。

大手ゼネコンのうち、竹中工務店と大成建設は、アスベスト製品を使用しない方針を明らかにしています。これを他のゼネコン、住宅メーカーなどに広げる必要があります。

Q41 どうしたら使用禁止にできるでしょうか。

アスベストは発がん物質で、ヨーロッパでは禁止されている国が多いのに、どうして日本では禁止できないのですか。どうしたら禁止できますか。

日本でアスベストがいまだに使われている一番大きな原因は、行政、メーカー、建設業者、医師、市民など、日本の社会全体が、アスベストの危険性と使用の実態をよく知らないことにあります。

市民が広くアスベストの発がん性を知ったのは、一九八七年、学校の吹き付けアスベスト問題が最初でしょう。全国各地の小中学校で吹き付けアスベストが除去されました。このときアスベストに関心を持った人々の大部分は、「これでアスベストの使用は禁止された（はずだ）」と思っています。

市民レベルでアスベスト問題に二度目の関心が集まったのは、不幸なことに、阪神・淡路大震災後のビル解体でアスベストが飛散したときでした。

欧米諸国とくらべると、日本ではアスベスト被害の報告がまだ少ないことも、市民の関心が薄い原因の一つになっています。しかし、本当はアスベストが原因で死亡した人でも、医師がアスベストのことを知らないために、アスベストが原因と気づかないケースも多いのです。肺炎と診断された人の肺を検査した結果、アスベスト肺と判明した例もあります。米国政府は一九七八年、国民にアスベストの脅威を警告すると同時に、医師に手紙を送り、アスベスト関連の病気の診断法と処置法に関する情報を提供しています（→Q5）。日本でも、医師への情報提供・再教育が行なわれれば、隠れているアスベスト被害者がおおぜい発掘されるでしょう。全国安全センターを中心に全国各地で実施された「アスベスト・職業がん一一〇番」でも、多くの被害者が発見され、労災認定を受けています。

社会の関心を高め、アスベストの使用を禁止するために、次のような方策が考えられます。

一、アスベスト建材を使わない

社会の関心を喚起《かんき》するために、まず、身近なところでいまだにアスベストが使われている事実を知らせる必要があります。一番身近に使われているアスベスト建材は、コロニアル、カラーベスト、フルベストなどの住宅屋根用化粧石綿スレートです。最近の戸建て住宅は西洋風の外観のものが多くなり、薄い瓦が多用されています。しかし、ほとんどの人が、あの薄い瓦の大部分にアスベストが使われていることを知らないでしょう。家を新築する人の大部分は、苦労して貯めたお金を注ぎ込んで、知らないうちに平均四五〇キログラムものアスベストを自宅の屋根の上に乗せているのです。

あなたが家を新築あるいは改築するとき、アスベスト建材を使わないよう、建築業者に注文をつけてください。知り合いにも、ノンアスベストの代替品があることを教えてください。都内の新改築工事なら、東京都公害防止条例に基づいて民間ビルにもノンアスベスト製品を使うよう求めることができます。地方自治体の建物にアスベスト製品を使わないよう、要望してください。それを通じて、アスベストに関する地方自治体の認識が深められます。アスベスト建材を使わないことが、アスベストの使用を禁止する一番の近道です。

二、ビル解体のアスベスト対策を求める

アスベストの被害を防止するためにいかに厳重な対策とコストがかかるか知ってもらうことも、大事なことです。神戸などの例で分かるように、アスベスト製品を除去せずにビルを解体すれば、大量のアスベストが飛散し、解体労働者だけでなく周辺住民の健康もおびやかされます。

身近なところでビル解体工事が予定されていたら、アスベスト製品を調査しているか、その結果を記録してあるか、解体業者あるいは所有者に聞いてみてください。吹き付けアスベストだけでなく、アスベスト建材なども調査しなければなりません。調査した結果、アスベスト製品がなくても、調査結果を記録しておかなければなりません。アスベスト製品があれば、特定化学物質等作業主任者をおき、飛散防止対策を講

じ、防じんマスクをして、除去しなければなりません（→Q29）。これらの対策は、労働者の健康を守るため、労働安全衛生法—特化則で決められていることであり、守らなければ労働安全衛生法違反です。もし守られていなかったら、労基署に連絡して、指導を求めることができます。

三、地震に備えて、アスベストの調査と除去、臨時アスベスト調査員制度、防じんマスクの備蓄を求める

阪神・淡路大震災では、日本のアスベスト対策がいかにおろそかにされてきたか、明らかになりました。日本列島全体が地震の活動期に入ったと言われており、全国各地で地震に備えたアスベスト対策を実施する必要があります（→Q31）。国や地方自治体の施設のアスベストを調査し、早急に除去することが必要です。民間ビルのアスベスト調査・除去には、助成措置も必要でしょう。震災後にアスベストをボランティアで調査する「臨時アスベスト調査員」を養成しておくこと、地方自治体レベルで防じんマスクを備蓄しておくのも効果的です。

こうした活動を通じて、市民だけでなく、行政、ゼネコンなど建設業者、そしてアスベスト製品メーカーにも、アスベストに関する認識を浸透させ、アスベストの使用量を激減させることができるでしょう。そうなれば、アスベストの使用禁止まで、あと一歩です。

あの天井の吹きつけ材は検出しないといけないナ。

付録①●

アスベスト根絶・アクションプラン

■情報公開条例の活用

私たちの社会が本当に市民社会と言えるかどうかは別にして、市民社会において情報公開の重要性は、いくら言っても言い過ぎということはないでしょう。最近でも、原発の事故隠しやエイズ薬害訴訟などが、情報公開によってその闇に光が当てられてきました。行政内部の官官接待の実情やカラ出張のカラクリが暴かれたのも、市民オンブズマンによる情報公開請求で社会問題化されたからです。

バブル絶頂期に乱造されたゴルフ場開発から自然を守る地域住民の闘いにおいても、情報公開は大きな武器になりえたし、近年激増している「ごみ問題をめぐる住民紛争」においては、環境アセスメントや環境データなどの情報の開示そのものが裁判の争点になっているものも多いくらいです。

一九九五年現在、情報公開条例・要綱をもっている自治体は、全都道府県、二八九市区町村にのぼります。

そもそもこの情報公開制度は、憲法二一条などの「知る権利」を具体化するものとして、政府・地方自治体その他公的機関に、その保有する文書その他の情報を人々に開示することを義務付けたものですが、日本で情報公開法の制定が議論されるようになったのは、一九七〇年代後半からで、アメリカの情報自由法の影響が大きいと言われます。それは、消費者運動のリーダーとして知られるラルフ・ネーダーの「情報こそが民主主義の通貨である」といった言葉に象徴されます。

しかし、日本には国レベルの情報公開法はなく、一九八二年に山形県金山町が全国で初の情報公開条例を制定したのが最初で、ついで八三年に神奈川県が情報公開制度をスタートさせています。

手続きとしては、行政機関の窓口である「公文書センター」「情報公開係」等を訪れ、公開してほしい情報の内容を告げて請求します（文書がわかれば特定します）。実際には、行政の都合によって文書の不存在や秘密保持を理由に目的の情報が入手できない場合も多く、その場合には、行政不服審査請求や取消訴訟を行なうことになりますが、これを情報を得るだけのためにするのは、いかにも非効率で制度的な問題を残しています。

それでも情報公開制度は、環境保護運動にとって、大きな武器になり得ることは確かです。設計図面や仕様書の公開によって、初めて吹き付けアスベストの存在が明らかになって安全な撤去が行なわれる、というようなケースはしばしば見られますし、マニフェスト（積荷伝票＝管理票）の公開によって、撤去された吹き付けアスベストの行方を知ることも可能です。

■アスベスト関係のどんな情報が得られるか

1．アスベスト製品製造工場に関する情報

大気汚染防止法に基づいて、アスベスト製品製造工場・事業場は都道府県の大気保全局に「特定粉じん発生施設」の届出が必要です。工場・事業場の名称、所在地、連絡先、特定粉じん発生施設（機械）数、周辺の地図などがわかります。

都道府県が敷地境界で行なったアスベスト濃度測定結果も、公開されます。

2．解体工事に関する情報

騒音・振動を発する機械を使用する場合、騒音規制法、振動規制法に基づいて区役所などの建築環境課などへ「特定建設作業届」の届出が義務付けられています。道路工事なども対象になるので、まず「特定建設作業届の受付簿」を請求し、解体工事を特定して、届出書の公開を請求すると効率的です。解体される建物の名称、場所、構造、所有者、元請け業者の名称、住所、電話番号、現場責任者の氏名などがわかります。

これらの情報をもとに元請け業者に質問すれば、ビル解体・改修工事に義務付けられているアスベスト含有製品の有無の事前調査・記録を実施しているかどうか、確かめることができます。

3．アスベスト除去工事等に関する情報

都道府県、市町村などが行なったビル解体・改修工事の「施工計画書」を請求すれば、吹き付けアスベストやアスベスト建材などの調査・記録を実施しているかどうか、どのようなアスベスト飛散防止対策を講じたか、知ることができます。「アスベスト濃度測定結果」も請求できます。請求先は、工事を発注した担当課になります。

東京都と兵庫県では、吹き付けアスベストおよびアスベスト保温材の除去等の工事を行なう場合、事前に「石綿含有建築物解体等工事施工計画届」を届け出ることが条例で義務づけられています。情報公開を請求すれば、工事の名称、場所、種類（解体か改修か）、工事期間、建築主の氏名、住所、建築物等の概要（敷地面積、構造、階数、床面積、主たる用途）、吹き付け石綿・石綿保温材の使用面積、石綿の処理方法（除去、封じ込め、囲い込み）、飛散防止対策の内容、アスベスト濃度測定計画などがわかります。添付されている「アスベスト除去等工事施工計画書」の内容もわかります。

一九九六年五月、国会で大気汚染防止法改正案が成立し、一九九七年四月以降、東京都と兵庫県だけでなく、全国どこでも届出が義務づけられる予定です。

4．地方自治体施設の吹き付けアスベスト使用・処理状況に関する情報

一九八七年、小中学校をはじめ各地方自治体施設の吹き付けアスベスト調査が行なわれ、除去等の処理工事が実施されています。記録の保存期間を過ぎていますが、部

分的に記録が残っている場合もあります。

東京都は毎年、都立施設の吹き付けアスベスト処理状況を調査しているので、情報公開請求により処理状況がわかります。

都の外郭団体の施設については調査されていませんでしたが、アスベスト根絶ネットワークが情報公開を請求した結果、一九九四年度から調査し情報を公開しています。

5. 除去された吹き付けアスベスト等の埋立て処分等に関する情報

建物等から除去された吹き付けアスベストやアスベスト含有保温材などは「廃棄物の処理及び清掃に関する法律」で特別管理産業廃棄物（廃石綿等）に指定されています。施行規則第一四条第六項で、除去工事の元請け業者等は現場ごとの廃石綿等の発生量、運搬・処分の委託相手の名称・住所と委託量などを記載した「特別管理産業廃棄物処理実績報告書」を毎年度、各都道府県知事に提出することが義務づけられています。廃石綿等の収集運搬・処分業者も、施行規則第一四条第七項で、委託相手の名称・住所、委託された量、運搬・処分場所などを記載した「特別管理産業廃棄物の運搬実績報告書」あるいは「特別管理産業廃棄物の処分実績報告書」を毎年度提出することを義務づけられています。

これらの報告書から、例えばあなたが住んでいる都道府県で何件の吹き付けアスベスト除去工事が行なわれ、どこで埋め立てられているか、知ることができます。

■環境基本条例を有効に利用しよう！

地球サミットをはじめとして、環境問題に関する世界的関心が頂点に達したと言われた一九九二年。その高まりを受ける形で、日本でも環境庁が「環境基本法案」を策定、産業界からの圧力を受けて内容は後退しつつも、一九九三年一一月に施行となりました。この環境基本法の理念（「現在及び将来の人間が健全で恵み豊かな環境の恵沢《けいたく》を享受すること」「人類の存続の基盤である環境を将来にわたって維持すること」）を継承して、地域の特性や実情にそった自治体レベルでの環境基本条例の作成が進んでいます（次頁の表参照）。

ただ、環境基本法と同じように理念規定が多く、ただちにそれでアスベストなどの有害物質の管理や環境規制に踏み込めるものではありません。いわゆる基本的人権としての「環境権」の明文の仕方や住民参加手続き、環境に関する情報公開の規定などに微妙なニュアンスの違いがあるので、まず自分の住んでいる都道府県や市町村で成立している場合、条文を手に入れて、よく読んでみる必要があります。

策定中の場合は市民参加を求める、意見書を提出する、など自分たちのまちの環境基本条例が本当に住民主権のもとに地域の自然環境や生活環境が「健全で恵み豊かに」維持できる基本計画をめざしたものとなるようにコミットすべきではないでしょうか。

アスベスト問題で言えば、条例に規定される「環境基本計画」の中に少なくとも吹き付けアスベストを使用した建築物の数と所在地の確認とか、アスベストが持ち込まれる可能性のある中間処理施設の数など、監視すべき環境の数値目標を設定するよう要請することは大いに議論の余地があるのではないでしょうか。

ちなみに、「環境基本計画」は、当該市町村に環境基本条例があろうとなかろうと、自治体ごとに定めるのが環境基本法の規定となっているので、基本計画が今どんな段階にあるのか、電話で問い合せてみましょう。

また、環境条例がまったく理念的なものばかりかというとそうではなく、例えば、福岡県宗像《むなかた》市の「環境保全条例」は、産業廃棄物処理施設の立地規制を明文化した全国でもめずらしい規定を持つ環境条例として知られています。環境基本条例や環境基本計画の策定は、全国的にはまだまだこれからです。あまり既成概念にとらわれないで、大いに環境担当部署に意見交換を求めていきましょう。

都道府県・政令指定都市環境基本条例制定状況

団体名	条例名	公布日	施行日
熊本県	熊本県環境基本条例	90・10・2	94・3・29
大阪府	大阪府環境基本条例	94・3・23	94*・4・1
東京都	東京都環境基本条例	94・7・20	94・7・20
埼玉県	埼玉県環境基本条例	94・12・26	95・4・1
千葉県	千葉県環境基本条例	95・3・10	95・4・1

三重県	三重県環境基本条例	95・3・15	95・4・1
広島県	広島県環境基本条例	95・3・15	95・3・15
宮城県	宮城県環境基本条例	95・3・17	95・4・1
福井県	福井県環境基本条例	95・3・16	95・3・16
愛知県	愛知県環境基本条例	95・3・22	95・4・1
香川県	香川県環境基本条例	95・3・22	95・4・1
岐阜県	岐阜県環境基本条例	95・3・23	95・4・1
新潟県	新潟県環境基本条例	95・7・10	95・7・10
兵庫県	環境の保全と創造に関する条例	95・7・18	96・1・17
川崎市	川崎市環境基本条例	91・12・25	92・7・1
神戸市	神戸市民の環境をまもる条例	94・3・31	94・4・1
千葉市	千葉市環境基本条例	94・12・21	94・12・21
大阪市	大阪市環境基本条例	95・3・16	95・4・1
横浜市	横浜市環境の保全及び創造に関する基本条例	95・3・24	95・4・1

＊は直近の改正年月日

付録②●

アスベスト含有吹き付け材の商品名

＊（　）内は商品名、〈　〉内はアスベスト含有率

■吹き付けアスベスト

トムレックス　ノザワコーベックス　ブロベスト　オパベスト　スターレックス　サーモテックスＡ　ヘイワレックス　リンペット　防湿モルベスト

■岩綿吹き付け

アサノスプレーコート　コーベックスＲ　サーモテックス　スプレーエース　スプレーテックス　スプレイクラフト　ニッカウール　バルカロック　ブロベストＲ　ヘイワレックス　コーベックスＮＳ　タイカコート　ブロベストＲ―Ｓ　ベリーコート　浅野ダイアブロック　オパベストＲ　スターレックス―Ｒ　ベリーコートＲ　タイカレックス　アサノスプレーコートウェット（日本セメント㈱）〈一〇％〉　サンウェット（日本ゴム㈱）〈一〇％〉　トムウェット（日本アスベスト㈱）〈一〇％〉　吹き付けロックンライト（武州建材㈱）

■吹き付けひる石

ミクライトＡＰ（㈱エービーシー商会）〈一五％〉　バーミックスＡＰ（バーミックス工事㈱）〈一二％〉　モノコート（バミクライト・オブ・ジャパン）〈一三～一六％〉

■パーライト吹き付け

ダンコートＦ（㈱佐渡島）〈六％〉

■発泡けい酸ソーダ吹き付け

ヴォルキンＰＶＦ（世界長㈱）〈七％〉

■砂壁状吹き付け材

ケニテックス（三井金属鉱業㈱）　セメント系

■有機質吹き付け材（砂壁状吹きつけ材）＊商品名など詳細は不明

■石綿発泡体
リトフレックス（日本アスベスト㈱）〈一〇〇％〉

■ひる石モルタル
アサヒファイヤーコート（旭硝子㈱）〈五％〉

■ひる石プラスター
ひる石プラスター（鹿島建設㈱）〈二％〉

■石綿入ドロマイトプラスター　＊商品名など詳細は不明

■繊維壁材　＊商品名など詳細は不明

■マグネシアセメント塗（上塗五％、下塗〇％）
大平コンベス（大平工業㈱）　リグノイド（南満建材工業㈱）　リグノイド（リグノイド工業㈱）

■アスベストモルタル
アスベスタスモルタイト（日本モルタイトKK）　ロックンライト（武州建材KK）　モルタイトリウム（メーカー名不明）

■防露・防錆剤
ボロータイト（メーカー名不明）

付録③●

ノンアスベスト建材リスト

以下の製品は、新聞報道、カタログ、製造業者からの聞き取り等により、一九九六年四月の時点の製品が「アスベストを使用していない」とされているものです。過去に製造されたものは同名の製品でもアスベストを使用している場合があります。現在製造されているものでも、同名の製品でアスベストを含むものが存在する可能性は否定できません。注文する場合には、必ず事前にゼロ・アスベストであることを各製造業者に確認してください。

これらの製品にアスベストが使用されていないことは、これらの製品が無害であること、また環境に対する負荷がアスベスト製品よりも少ないことを保証するものではありません。（　）内は製造業者を示します。商品名は例示で、リストアップしていない商品名もあります。用途別分類は主な用途によりました。

●屋根材

■粘土瓦（愛知県陶器瓦工業組合など）

■天然スレート（旭硝子など）

■厚形スレート（東京厚形スレート工業組合など）

■セメント瓦

■アスファルトシングル

三星シングル（田島ルーフィング）

■金属製屋根材

■住宅屋根用化粧石綿スレート代替品

かわらU、かわらCITY、かわらBROOK（積水化学工業）　ルネッサI、ルネッサII、グレイスノート、エボルバ、ニュージュネス、ニューアーバニー、パラマウント、パラシェイク、テラシード（クボタ）　スカイピュア（松下電工）　パミール（ニチハ）　ナチュール（大建工業）

■波形石綿スレート代替品

浅野大波板N、浅野小波板N　浅野セラミックE・LCN、浅野セラミックE・SCN（浅野スレート）

●ALC（軽量気泡コンクリート）

ヘーベル（旭化成建材）　シポレックス（旭硝子建材、住鉱シポレックス）　イトン（日本イトン工業）　デュロックス（小野田エー・エル・シー）　エルパス［モルタルコートALC板］（住友セメント）

●サイディング材

モエンサイディングW（ニチハ）　センチュリーボード、センチュリーボードAII（三井木材工業）　マルチサイディングRM、ブリックシリーズ、ベルマティエ、本匠シリーズ、ネオロック（松下電工）　モエンサイディングM（ニチハ）　セラディール、セラシティー、防火サイディング（クボタ）　ほんばん、グランピエール、デザインボード、デザインピエール、サンクリート（旭硝子）　東

レ防火サイディング「完璧」NT（東レグラサル）

●金属系外壁材

ホーロー製クリーンウォール（松下電工）ステンレス製セラステンウォール（松下電工）金属製パワー10、パワーUP10、キングウッド、ヨコ64、はりUP、7・5、防火、防災、ブロンズ、スーパーSS、コンパチ（東邦シートフレーム）

●内外装材

■波形石綿スレート代替品　＊屋根材の項参照

■フレキシブルボード代替品

浅野フレキシブルボードN（浅野スレート）セルフレックス、セルフレックスA（アスク）ゼロフレキ（山王セラミックス）

■化粧パルプセメント板代替品

セラシティ、セラディール18（クボタ）

■押出し成形セメント板・壁材

アスロックーN（ノザワ）メース（三菱マテリアル建材）ラムダ（昭和電工建材）ハイプリート（旭化成建材）セラアーバン（大倉工業など四社）モエンサイディングS（ニチハ）バンビ（アスク）、アサノサイネックス（浅野スレート）アスノンモール（日本防火ライト工業）

■木毛セメント板　＊複合板の場合は石綿を含有することあり

●内装材

■石綿セメントけい酸カルシウム板代替品　＊耐火被覆板協会TKSマーク認定品

■繊維強化石こう板

浅野エフジーボード、浅野スタッドレスパネルN（浅野スレート）セルジーボード、サムライト（アスク）

■スラグ石こう板代替品

アスノン、アスノンタイルボード、アスノンエース、アスノンシールド、アスノンコート、アスノンキング（日本防火ライト工業）フジクリーンライト（富士不燃建材工業）ヘルシーノンアス（新生不燃ボード）ムガイボード（朝日防火板工業所）

■ガラス繊維入り水酸化アルミニウム板

カベリアン（タキロン）セラリエ（タキロン）［ビル用］

■ロックウール板

ダイロートン（大建工業）ソーラトン、ソーラトン本実、ニューソーラトン、ミネラートン、軒天、テラトーン（日東紡績）

■ホテル・店舗・住宅用化粧板
セラズマ（大日本印刷）
■間仕切り壁
耐火ＧＳ、耐火ＧＳⅡ、アスノン耐火88、アスノン耐火12Ｗ（日本防火ライト工業）
■高層・超高層集合住宅の戸境壁
ＮＳウォール１２０（ニチアス）
■不燃パネル
日軽不燃セラミックハニカムパネル（日本軽金属）
■不燃ハニカム、ボード、シート（常盤電機）
■クリーンルーム用不燃パネル
ＡＸ型（昭和アルミ）
■ホテルなど吸音用
セラミューズ、セラメタル（旭硝子）
■アルミ繊維吸音材
アルトーン（ニチアス）
■天井材（不燃性立体成形吸音板）
ポアル（協立工機）
■内装吸音用天井、壁材
ニューホームタイル（ニチアス）

●床材

■ビニル系床材（ＪＩＳ　Ａ５７０５―１９９２によるもの）
■プラスチック系長尺シート
アキレスエコリウム（アキレス）　ニットーリューム（日東紡績）
［自由配線二重床］シグマフロア（ニチアス）［ＯＡフロア用］
高炉水砕スラグ資材カヤトーン（日本化薬）

●耐火構造材など

■耐火鋼材
ＫＳＦＲ鋼（川崎製鉄）
■耐火鋼材（日本鋼管）
■無耐火被覆鉄骨［高層駐車場用］（新日本製鉄）
■耐火被覆材
アクアカバー（アスク）
■吹き付け用耐火被覆材
アスガード（東邦レオ）
■柱・梁耐火仕上げ材
バームコート（エービーシー商会）

●その他

■外壁材

セラミックサイディングタイル（ノダ）

■屋根下地材

スカイモルボード（東邦レオ）

■屋根仕上材

グレックス（田島ルーフィング）

■壁下地材

ミネラボード・タフ（日東紡績）

■外壁用ガスケット

ＰＣ板ビル外壁用ガスケット（富双ゴム工業）［中高層ビル用ガスケット］ブロケット（タイガースポリマー）外壁用ガスケット（世界長）

■金属製ガスケット（日本メタルガスケット）

■アスベスト紙の代替品

水酸化アルミニウム紙、セラミック紙、珪酸マグネシウム紙、無機繊維紙

■絶縁材料

ミオレックス、ミオナイトＢ（菱電化成）

■耐熱材料

耐熱プレスボード［変圧器・モーター・絶縁材料］（三菱製紙）

■グランドパッキン

ＶＦブレード（日本バルカー工業）

■断熱材

［不定形保温保冷用断熱材］サーマルロック（テクノセラム）

付録④● アスベスト相談窓口

●運動団体

■アスベスト根絶ネットワーク（左記センター内　永倉冬史まで）

■中皮腫・じん肺・アスベストセンター

〒一三六―〇〇七一　東京都江東区亀戸七―一〇―一　Zビル五階

TEL〇三―五六二七―六〇〇七／FAX〇三―三六八三―九七六六

■被災地のアスベスト対策を考えるネットワーク

〒五五二―一　大阪市港区弁天二―一―三〇　環境監視研究所（中地）

TEL〇六―五七四―八〇〇二／FAX〇六―五七四―〇八七六

■石綿対策全国連絡会議（連絡先は左記の連絡会議）

■全国労働安全衛生センター連絡会議

〒一〇八　東京都港区三田三―一―三　M・Kビル三階

TEL〇三―五二三二―〇一八二／FAX〇三―五二三二―〇一八三

■全建総連

〒一六九　東京都新宿区高田馬場二―七―一五（里見）

TEL〇三―三二〇〇―六二二一／FAX〇三―三二〇九―〇五三八

■社団法人 北海道労働災害・職業病研究対策センター

〒〇〇四　札幌市豊平区北野一条一―六―三〇　医療生協内

TEL〇一一―八八三―〇三三〇／FAX〇一一―八八三―七二六一

■福島県労働安全衛生センター

〒九六〇　福島市船場町一―五

TEL〇二四五―二三―三五八六／FAX〇二四五―二三―三五八七

■東京東部労災職業病センター

〒一三六　東京都江東区亀戸一―三三―七

TEL〇三―三六八三―九七六五／FAX〇三―三六八三―九七六六

■三多摩労災職業病センター

〒一八五　東京都国分寺市南町二―六―七　丸山会館二―五

TEL〇四二三―二四―一〇二四／FAX〇四二三―二四―一〇二四

■三多摩労災職業病研究会

〒一八五　東京都国分寺市本町三―一三―一五

三多摩医療生協会館内

TEL〇四二三―二四―一九二二／FAX〇四二三―二五―二六六三

■社団法人 神奈川労災職業病センター
〒二三〇 横浜市鶴見区豊岡町二〇—九 サンコーポ豊岡五〇五
TEL〇四五—五七三—四二八九/FAX〇四五—五七五—一九四八

■財団法人 新潟県安全衛生センター
〒九五一 新潟県新潟市東堀通二—四八一
TEL〇二五—二二八—二一二七/FAX〇二五—二二二—〇九一四

■清水地区労センター
〒四二四 清水市小芝町二—八
TEL〇五四三—六六—六八八/FAX〇五四三—六六—六八八九

■労災福祉センター
〒六〇一 京都市南区西九条島町三
TEL〇七五—六九一—九九八一/FAX〇七五—六七二—六四六七

■京都労働安全衛生連絡会議
〒六〇一 京都市南区西九条東島町五〇—九 山本ビル三階
TEL〇七五—六九一—六一九一/FAX〇七五—六九一—六一四五

■関西労働者安全センター
〒五四〇 大阪市中央区森ノ宮中央一—一〇—一六、六〇一
TEL〇六—九四三—一五二七/FAX〇六—九四三—一五二八

■尼崎労働者安全衛生センター
〒六六〇 尼崎市長洲本通一—一六—七 阪神医療生協気付
TEL〇六—四八八—九九五二/FAX〇六—四八八—二七六二

■関西労災職業病研究会
〒六六〇 尼崎市長洲本通一—一六—七 阪神医療生協長洲支部
TEL〇六—四八八—九九五二/FAX〇六—四八八—二七六二

■広島県労働安全衛生センター
〒七三二 広島市南区稲荷町五—四 前田ビル
TEL〇八二—二六四—四一一〇/FAX〇八二—二六四—四一一〇

■鳥取県労働安全衛生センター
〒六八〇 鳥取市南町五〇五 自治労会館内
TEL〇八五七—二二—六一一〇/FAX〇八五七—三七—〇〇九〇

■愛媛労働災害職業病対策会議
〒七九二 新居浜市新田町一—九—九
TEL〇八九七—三四—〇二〇九/FAX〇八九七—三七—一四六七

■財団法人 高知県労働安全衛生センター
〒七八〇 高知市薊野イワ井田一二七五—一
TEL〇八八八—四五—三九五三/FAX〇八八八—四五—三九二八

■熊本県労働安全衛生センター
〒八六一—二一 熊本市秋津町秋田三四四一—二〇
秋津レークタウンクリニック内
TEL〇九六—三六〇—一九九一/FAX〇九六—三六八—六一七七

■社団法人 大分県勤労者安全衛生センター
〒八七〇 大分市寿町一—三 労働福祉会館内

TEL〇九七五―三七―七九九一／FAX〇九七五―三四―八六七一

■旧松尾鉱山被害者の会

〒八八三　日向市財光寺二八三―二一一　長江団地一―一四

TEL〇九八二―五三―九四〇〇／FAX〇九八二―五三―三四〇四

●行政

【労働現場の規制】労働省労働基準局労働衛生課

TEL〇三―三五九三―一二一一　内線五四九三

【アスベスト製品の生産について】通産省生活産業局窯業建材課

TEL〇三―三五〇一―〇五二九

【環境中のアスベスト問題について】環境庁大気保全局大気規制課

TEL〇三―三五八一―三三五一　内線六五三二

【建築物】建設省住宅局建築指導課建築物防災対策室

TEL〇三―三五八〇―四三一一　内線三九六五

【廃棄物】厚生省生活衛生局産業廃棄物対策室

TEL〇三―三五〇三―一七一一　内線二四八二

付録⑤●

アスベスト検査機関

以下のアスベスト検査機関は「既存建築物の吹付けアスベスト粉じん飛散防止処理技術指針・同解説」（日本建築センター刊）に掲載された一九八九年四月の資料から、公的機関を中心に、どの都道府県においても、その都道府県内でできるだけさまざまな調査を行なう調査機関にアクセスできることをねらいとして抄録したものです。そのため、より多くの調査ができる機関であっても、同等の機関がたくさんある都道府県においては思い切って割愛しました。

検査項目欄【　】の「濃」は大気中の濃度測定ができることを表わしています。吹き付け材や建材の分析については、「サ」はサンプリング、「性」はアスベスト含有の有無の検査、「量」はアスベスト含有率の検査、「付」は吹き付けアスベストの付着力測定ができることを表わしています。

■中央労働災害防止協会　北海道安全衛生サービスセンター【濃性量】
札幌市中央区南一九条西九丁目　TEL〇一一―五一二―二〇三一

■(株)北海道分析センター【濃サ性量付】
北海道砂川市豊沼町一　TEL〇一二五五―二―二三八四

■日東化学工業㈱八戸事業場　環境開発研究室【濃サ性量付】
青森県八戸市江陽三―一―一〇九　TEL〇一七八―四四―一一一三

■(財)岩手県予防医学協会【濃サ性量】
岩手県紫波郡都南村大字永井一四地割四二一　TEL〇一九六―三八―七一八五

■環境保全(株)【濃サ性量付】
岩手県弘前市宮園五―一七―八　TEL〇一七三―三二―八五一一

■中央労働災害防止協会　東北安全衛生サービスセンター【濃性量】
仙台市青葉区上杉一―三―三四　TEL〇二二―二六一―二八六一

■エヌ・エス環境科学㈱【濃サ性量付】
仙台市若林区大和町四―一七―一九　TEL〇二二―二三八―四五六一

■(財)秋田県予防衛生協会【濃サ】
秋田市山王五―一―一〇　TEL〇一八八―六四―〇三四一

■(財)秋田県分析化学センター【濃サ】
秋田市八橋字下八橋一九一―一八　TEL〇一八八―六二―四九三〇

■(財)秋田県工業材料試験センター【性】
秋田市新屋町字砂奴寄四―一　TEL〇一八八―六二―五六九一

■(有)理研分析センター【濃サ性量付】
山形県鶴岡市道形町一八―一七　TEL〇二三五―二四―四四二七

■(財)福島県保健衛生協会【濃サ性量】
福島市方木田字水戸内一九―六　TEL〇二四五―四六―〇三九一

■(社)茨城県公害防止協会【濃サ性量】
水戸市桜川二―二―三五　TEL〇二九二―二六―八二四一

■(株)化研【濃サ性量付】
水戸市堀町一〇四四　TEL〇二九二―二七―四四八五

■篠原理水工業(株)【濃サ性量付】
宇都宮市さるやま町三八四―二　TEL〇二八六―五六―二七二七

■(株)環境分析センター群馬試験部【濃サ性量付】
群馬県多野郡鬼石町浄法寺四五六　TEL〇二七四―五二―二七二七

■(財)埼玉県労働保健センター【濃サ性量】
浦和市北浦和五―六―五　TEL〇四八―八二二―八六〇〇

■(社)埼玉県環境検査研究協会【濃サ性量】
埼玉県蕨市中央三―五―一　TEL〇四八四―三二―五八五〇

■(財)建材試験センター中央試験所【濃サ性　付】
埼玉県草加市稲荷五―二一―二〇　TEL〇四八九―三五―一九九一

■東邦化研(株)環境分析センター【濃サ性量付】
埼玉県越谷市大沢四―五―二八　TEL〇四八九―七五―八一一一

■(株)環境総合研究所【濃サ性量付】

埼玉県川越市芳野台一―一〇三―五四　TEL〇四九二―二五―七二
六四
■(株)新日化環境エンジニアリング　君津営業所【濃サ性量付】
千葉県君津市君津一　TEL〇四三九―五五―二七〇九
■中央労働災害防止協会　労働衛生検査センター【濃サ性量付】
東京都港区芝五―三五―一　TEL〇三―三四五二―六八四一
■中央労働災害防止協会　関東安全衛生サービスセンター【濃性量】
横浜市神奈川区鶴屋町二―二四―二　県政総合センター三階
TEL〇四五―三一二―六四四六
■(財)神奈川県予防医学協会【濃サ性量】
横浜市金沢区鳥浜町一―三―七　TEL〇四五―七七三―一九二一
■(財)労働科学研究所【濃サ性量】
川崎市宮前区菅生二―八―一四　TEL〇四四―九七七―二一二一
■(財)ヘルス・サイエンス・センター【濃サ性量】
神奈川県相模原市北里一―一五―一　TEL〇四二七―七八―九〇五五
■(財)神奈川県労働衛生福祉協会【濃サ性量】
神奈川県横浜市北保土ケ谷区天王町二―四四―九　TEL〇四五―三
三五―六九〇一
■(株)環境科学センター【濃サ性量付】
神奈川県横浜市金沢区釜利谷町二　TEL〇四五―七〇一―六一四一
■(株)横須賀環境技術センター【濃サ性量付】
神奈川県横須賀市浦郷町五―二九三一　TEL〇四六八―六五―六六
六一
■(財)上越環境科学センター【濃サ性量】
新潟県上越市大字下門前字塩辛二三二一―二　TEL〇二五五―四三―
七六六四
■(財)新潟県環境衛生研究所【濃サ性量】
新潟県西蒲原郡吉田町東栄町八―一三　TEL〇二五六―九三―四五
〇九
■(財)環境技研分析センター【濃サ性量】
新潟市網川原二―三三一―二六　TEL〇二五―二八四―六五〇〇
■日本ゼオン(株)高岡分析センター【濃サ性量付】
富山県高岡市荻布六三〇　TEL〇七六六―二五―六三八五
■石川県工業試験場【性】
金沢市戸水町ロ―一　TEL〇七六二―六七―二一六六
■(財)石川県予防医学協会【濃】
金沢市神野町東一一五　TEL〇七六二―四九―七二二二
■(財)北陸公衆衛生研究所【濃サ性】
福井市光陽四―一―二三　TEL〇七七六―二二―〇六九九
■(財)山梨労働衛生センター【濃】
山梨県山梨市落合八六〇　TEL〇五五三―二二―七八九八
■(社)環境技術センター【濃サ性量】

長野県松本市大手三―八―一一　TEL〇二六三―三六―一六〇六

■(株)長野県労働基準協会連合会【濃サ性量】
長野市大字川合新田字古屋敷北三二〇九―九　TEL〇二六二―二一七―〇二一〇

■(財)岐阜県産業保健センター【濃サ性量】
岐阜県多治見市東町一―九―三　TEL〇五七二―二三―〇一一五

■(財)東海検診センター【濃サ】
静岡県沼津市寿町一一―二二　TEL〇五五九―二二―一一五七

■(社)静岡県産業環境センター【濃サ】
静岡県浜松市篠ヶ瀬町九八七　TEL〇五三四―六三―三四二〇

■中央労働災害防止協会　中部安全衛生サービスセンター【濃性量】
名古屋市熱田区白鳥一―四―一九　TEL〇五二―六八二―一七三一

■(財)東海技術センター【濃サ性量】
名古屋市名東区猪子石二―七一〇　TEL〇五二―七七一―五一六一

■(財)公衆保健協会【濃サ性量】　名古屋市中村区二ッ橋四―四
TEL〇五二―四八一―二二六一

■(株)ユニチカ環境技術センター　中部事業所【濃サ性量付】
愛知県岡崎市日名北町四―一　TEL〇五六四―二一―〇〇六二

■(株)アクトリサーチ【濃サ性量】
三重県四日市市大治田三―三―一七　TEL〇五九三―四六―七五一一

■三菱樹脂(株)環境分析室【濃サ性量】

滋賀県長浜市三ッ矢町五―八　TEL〇七四九―六五―五一六五

■(株)近畿分析センター【濃サ性量】
大津市晴嵐二―九―一　TEL〇七七五―三四―〇六五一

■東レテクノ(株)【濃サ性量】
大津市園山一―一―一　TEL〇七七五―三七―一三八四

■(財)京都工業保健会【濃サ性量】
京都市中央区西ノ京北壷井町六七　TEL〇七五―八〇二―〇一三一

■(財)日本予防医学協会関西支部【濃サ性量付】
大阪市北区西天満五―二―一八高橋ビル東館　TEL〇六―三六二―九〇四一

■(財)兵庫県環境科学技術センター【濃サ性量】
神戸市須磨区行平町三―一―三二　TEL〇七八―七三五―二七三七

■環境計測サービス(株)【濃サ性量付】
兵庫県尼崎市北城内八八―四　TEL〇六―四八二―七四三三

■(株)環境分析センター　尼崎試験部【濃サ性量付】
兵庫県尼崎市長洲西通一―三―二六　TEL〇六―四八八―八一八四

■大和金属鉱業(株)ヤマト分析研究所【濃サ性量付】
奈良県宇陀郡菟田野町大沢五五　TEL〇七四五八―四―二八二二

■和歌山県衛生公害研究センター【濃】
和歌山市砂山南三―三―四五　TEL〇七三四―二三―九〇五五

■和歌山環境分析センター【濃サ】

和歌山市湊一八五〇　安治川鉄工建設㈱内　TEL〇七三四―五一―三四七二

■育生会高島病院労働衛生センター【濃
鳥取県米子市西町六　TEL〇八五九―三三―七七一一

■鳥取県環境測定事業協同組合【濃サ】
鳥取市二階町一―二二一　TEL〇八五七―二九―一一五四

■島根県立工業技術センター【性】
島根県八束郡東出雲町出雲郷二二九　TEL〇八五二―五二―四四八〇

■㈶島根県環境保健公社【濃サ】
松江市古志原町五〇一　TEL〇八五二―二四―〇二〇七

■㈱産業公害医学研究所　日比分室【濃サ性量】
岡山県玉野市日比六―一―一　TEL〇八六三―八一―三一八二

■西日本環境測定㈱【濃サ性量】
岡山県津山市押入五六八―一　TEL〇八六八―二六―五八六八

■中央労働災害防止協会　中国・四国安全衛生サービスセンター【濃性量】
広島市南区稲荷町四―一　住友生命広島ビル　TEL〇八二―二六一―二四二一

■㈳広島県地区衛生組織連合会【濃サ性量】
広島市中区広瀬北町九―一　TEL〇八二―二九三―一五一一

■㈶建材試験センター　中国試験所【濃サ性付】
山口県厚狭郡山陽町大字山川　TEL〇八三六七―二―一二三

■㈱西日本分析センター【濃サ性量】
山口県小野田市大字小野田六二七六　TEL〇八三六八―三―三三五八

■朝日肥糧㈱作業環境測定センター【濃サ性量】
香川県高松市朝日町四―一―一　TEL〇八七八―五一―八九〇七

■㈱浪速環境技術センター【濃】
愛媛県今治市喜田村四〇二―一　TEL〇八九八―四八―四九六一

■㈱東洋技研【濃サ】
高知市大津字柳瀬甲七七六―七　TEL〇八八八―六六―六六九〇

■中央労働災害防止協会　九州安全衛生サービスセンター【濃性量】
福岡県福岡市博多区石城町三―六　TEL〇九二―二七一―〇九三五

■㈶九州産業衛生協会【濃サ性付】
福岡県久留米市東合川六―四―三　TEL〇九四二―四四―五〇〇〇

■㈶西日本産業衛生会　北九州環境測定センター【濃サ性量】
福岡県北九州市八幡東区中央二―二―一七　TEL〇九三―六七一―三五七五

■㈱新日化環境エンジニアリング【濃サ性量付】
福岡県北九州市戸畑区中原先浜四六―五一　TEL〇九三―八七一―一五四一　内線六一〇四

■㈶佐賀県産業医学協会【濃サ】
佐賀市栄町二―八　TEL〇九五二―二二―六七二九

■(株)環境衛生科学研究所【濃サ性量】
長崎市桶屋町三〇グランドビル二階　TEL〇九五八―二五―一三〇八

■長菱エンジニアリング(株)【濃サ性量】
長崎市飽の浦町五―七菱興ビル別館五階　TEL〇九五八―六二―七二九七

■(株)興人八代工場　分析センター【濃サ性量】
熊本県八代市興国町一―一　TEL〇九六五―三二―三五一〇

■新日本製鉄(株)大分製鉄所　試験分析センター【濃サ性量】
大分市大字西ノ洲一　TEL〇九七五―五三―二二八五

■宮崎県工業試験場【サ性】
宮崎市恒久一―七―一四　TEL〇九八五―五一―七二一一

■(財)宮崎県公害防止管理協会【濃サ】
宮崎市大字田吉字ヅンブリ六二五八―二〇　TEL〇九八五―五一―二〇七七

■鹿児島労働衛生センター【濃サ】
鹿児島市南栄町三―一七―五　TEL〇九九二―六七―六二九二

■(株)沖縄環境保全研究所【濃サ性量】
那覇市松山二―一―一二　TEL〇九八八―六八―六四六八

付録⑥●

参考資料

●書籍

＊凡例：書名　著者名　発行所／発行年／定価

■平賀源内と中島利兵衛
中島秀亀智　著　さきたま出版会／一九八一年九月／一五〇〇円

■静かな時限爆弾―アスベスト災害
広瀬弘忠　著　新曜社／一九八五年一一月／一八〇〇円

■グッバイ・アスベスト―くらしの中の発がん物質
川村暁雄　著　日本消費者連盟／一九八七年四月／四〇〇円

■石綿、アスベスト　健康障害を予防するために
海老原　勇　著　労働科学研究所出版部／一九八七年五月／三〇〇〇円

■石綿・ゼオライトのすべて（大気汚染物質レビュー）
環境庁大気保全局企画課　監修　(財)日本環境衛生センター／一九八七年二月／三九〇〇円

■アスベスト排出抑制マニュアル　増補版
環境庁大気保全局大気規制課監修　ぎょうせい／一九八八年四月／二〇〇〇円
■アスベスト対策をどうするか
アスベスト問題研究会・神奈川労災職業病センター編　日本評論社／一九八八年七月／八〇〇円
■石綿被害の闇を切り開く―たちあがった造船退職者たち
神奈川労災職業病センター／一九八八年九月／五〇〇円
■アスベスト代替品のすべて
環境庁大気保全局企画課監修　(財)日本環境衛生センター／一九八九年六月／四三〇〇円
■石綿・建設労働者・いのち
海老原勇ら著　全建総連アスベスト対策委員会／一九八九年一二月／二〇〇円
■環境をまもる　情報をつかむ
中桐伸五著　第一書林／一九九〇年六月／一三五〇円
■アスベストなんていらない―発がん物質アスベスト追放宣言
アスベスト根絶ネットワーク編著　リサイクル文化社／一九九〇年一〇月／一二〇〇円
■アスベストの人体への影響―リスクアセスメントと疫学的知見
アメリカ合衆国労働省労働安全衛生局編　車谷典男・熊谷信二・天明佳臣訳編　中央洋書出版部／一九九〇年九月／三九一四円
■平成解体新書―建物解体廃棄物Q＆A
桑原一男著　日報／一九九三年五月／一〇〇〇円
■有害廃棄物　グリーン、サイクル、コントロールの視点から
高月　紘、酒井伸一著　中央法規出版／一九九三年一一月／三六〇〇円
■ノーモアアスベスト―これからの有害廃棄物対策
アスベスト根絶ネットワーク編著　くろうじん出版事務所／一九九四年七月／一八〇〇円
■ロイズ　保険帝国の危機
アダム・ラファエル著　篠原成子訳　日本経済新聞社／一九九五年七月／二四〇〇円

●マニュアル等

■建築物の解体又は改修工事における石綿粉じんへのばく露防止のためのマニュアル
建設業労働災害防止協会編　同協会／一九八八年六月／一五五〇円
■既存建築物の吹付けアスベスト粉じん飛散防止処理技術指針・同解説

日本建築センター編集　建設省住宅局建築指導課、大臣官房営繕部監督課監修　日本建築センター／一九八九年六月／三三〇〇円

■特定化学物質等障害予防規則の解説

労働省安全衛生部労働衛生課編　中央労働災害防止協会／一九九五年五月　／一四〇〇円

■石綿含有建築材料の施工における作業マニュアル―石綿粉じんばく露防止のために―

労働省労働基準局安全衛生部化学物質調査課編　建設業労働災害防止協会　／一九九二年一月／二〇〇〇円

■すべてがわかる改正廃棄物処理法―改正後の政令・省令・告示をすべて網羅―

厚生省生活衛生局水道環境部環境整備課監修　ぎょうせい／一九九二年八月　／二六〇〇円

■廃石綿等処理マニュアル（特別管理廃棄物シリーズII）

(財)廃棄物研究財団編　厚生省生活衛生局水道環境部　監修

化学日報社／一九九三年三月／四二〇〇円

●ビデオ＊アスベスト根絶ネットワークで貸し出しできるものです。

■石綿問題は、いま　一九九二年四月　アスベスト根絶ネットワーク編集　二〇分

■阪神大震災とアスベスト問題　一九九五年三月　ＴＢＳテレビほか　一七分

■検証・アスベスト災害　一九八六年　ＮＨＫ京都　二八分

■石綿粉じんが危ない―広がるアスベスト汚染　一九八七年二月　ＮＨＫテレビ　四六分

■点検・すまいの中の石綿　一九八七年四月　ＮＨＫテレビ　三三分

■そこが知りたい　一九八七年九月　ＴＢＳテレビ　二〇分

■検証・石綿汚染―影響はどこまでわかっているか　一九八七年一〇月　三〇分

■どうするアスベストの処理　一九八七年一〇月　ＮＨＫテレビ　三三分

■石綿騒動その後　一九八八年六月　テレビ朝日　一四分

■アスベスト〝ずさん撤去〟を追う　一九九〇年一月　ＮＨＫテレビ　一〇分

■しのびよる石綿の恐怖　一九九〇年三月　中国放送テレビ　三〇分

■アスベストにゆれるマチ　一九九一年一一月　ＨＢＣ（北海道放送）　五分

■築地市場でアスベスト飛散　一九九二年九月　ＮＨＫテレビ　四分

■アスベストで学校閉鎖　一九九三年九月　日本テレビ　四分
■アスベスト対策その現状と課題　一九九三年一一月　日本テレビ　四分

●アスベスト根絶ネットワーク●

1987年、学校の吹き付けアスベストが社会問題化するなかで、アスベストによる被害をなくすため、アスベスト根絶ネットワークが結成されました。首都圏を中心に、各地の市民、職員団体、労働組合などが参加しています。特に、ビル解体・改修時のアスベスト飛散防止対策、新築時のノンアスベスト化の周知徹底に力を入れてきました。全建総連などの労働組合、全国労働安全衛生センター連絡会議、日本消費者連盟などと共に「石綿対策全国連絡会議」および「アスベスト規制法制定をめざす会」に参加し、政府・地方自治体との交渉等を通じてアスベスト規制の強化にむけて活動しています。

●連絡先

〒136-0071　東京都江東区亀戸7－10－1　Zビル5F
中皮腫・じん肺・アスベストセンター内
アスベスト根絶ネットワーク　永倉冬史
TEL 03－5627－6007 ／ FAX 03－3683－9766
e-mail : info@asbestos-center.jp

＊本書の執筆にあたって、十条通り医院の斉藤竜太先生、全国労働安全衛生センター連絡会議の古谷杉郎さん、埼玉医科大学の安達修一先生にご協力いただきました。田中清代さんは大変親しみやすいイラストを書いてくださいました。また、出版に際して緑風出版の高須次郎さん、市村繁和さんにご苦労いただきました。ありがとうございました。

プロブレムQ＆A

ここが危《あぶ》ない！アスベスト【新装版】

［発見・対策・除去のイロハ教えます］

2005年8月20日　初版第1刷発行　　定価1800円＋税

著　者　アスベスト根絶ネットワーク©
発行者　高須次郎
発行所　緑風出版
〒113-0033　東京都文京区本郷2-17-5　ツイン壱岐坂
〔電話〕03-3812-9420　〔FAX〕03-3812-7262　〔郵便振替〕00100-9-30776
［E-mail］info@ryokufu.com
［URL］http://www.ryokufu.com/

装　幀　堀内朝彦
組　版　R 企 画　　印　刷　長野印刷商工・巣鴨美術印刷
製　本　トキワ製本所　　用　紙　大宝紙業　　2000

〈検印廃止〉乱丁・落丁は送料小社負担でお取り替えします。
本書の無断複写（コピー）は著作権法上の例外を除き禁じられています。
複写など著作物の利用などのお問い合わせは日本出版著作権協会（03-3812--9424）
までお願いいたします。

Printed in Japan　　ISBN4-8461-0513-X　C0336